美丽中国系列
Beautiful China

100古建筑畅游通

王学典 主编
壹号图编辑部 编著

江苏凤凰科学技术出版社

图书在版编目（CIP）数据

100 古建筑畅游通 / 王学典主编；壹号图编辑部编著 . -- 南京：江苏凤凰科学技术出版社，2017.11（2018.2 重印）
（含章 . 美丽中国系列）
ISBN 978-7-5537-6348-4

Ⅰ . ①1… Ⅱ . ①王… ②壹… Ⅲ . ①古建筑 - 建筑艺术 - 中国 Ⅳ . ① TU-092.2

中国版本图书馆 CIP 数据核字 (2017) 第 222925 号

100古建筑畅游通

主　　编 王学典
编　　著 壹号图编辑部
责任编辑 祝　萍
责任监制 曹叶平　方　晨

出版发行 江苏凤凰科学技术出版社
出版社地址 南京市湖南路 1 号 A 楼，邮编：210009
出版社网址 http://www.pspress.cn
印　　刷 北京旭丰源印刷技术有限公司

开　　本 718mm × 1 000mm　1/16
印　　张 16
字　　数 350 000
版　　次 2017年11月第1版
印　　次 2018年2月第2次印刷

标准书号 ISBN 978-7-5537-6348-4
定　　价 49.80元

图书如有印装质量问题，可随时向我社出版科调换。

前言

长江与黄河滚滚奔流，泱泱大国生机勃勃。在这片辽阔的土地上，中华民族创造的千年文明源远流长。那些闪烁在历史长河里的璀璨明珠是我们永远自豪的珍宝，古建筑就是其中之一。今天，当世界各国宾朋纷纷不远万里来访，只为目睹它们的真容时，我们庆幸历史的传承和感激祖先的伟大智慧。

与法国凡尔赛宫、英国白金汉宫、美国白宫、俄罗斯克里姆林宫相比，我国北京的故宫更具特色，它如王者一般，傲然耸立在世界的东方，向整个世界展示一个充满高度文化的国度。素有“天下第一名刹”的河南登封少林寺早已风靡全球，多少外国人来此修禅习武。有人说航天员在太空看见了中国崇山峻岭上盘踞的那条“龙”，这足以说明长城在中国人民心目中的地位。千古悠悠，有多少怨恨都不及风波亭下的岳飞父子的“莫须有”，然而古往今来他们的墓地却在西湖边成了一道不容错过的人文景观……

我国古代建筑凝结了古代劳动人民的伟大智慧，从每一道回廊、每一座殿堂，每一座宅院，甚至一处斗拱、重檐、鸱吻等，都能够清晰地体现出来。然而比这些建筑本身更重要的是它们所承载的中华文化。因此当我们走入任何一座古代建筑时，我们必然都会带有一种崇敬，这是对那些缔造伟大艺术品的工匠的尊重，也是对建筑中的文化的尊重。

本书共分为四大部分，从宫府园林类建筑、寺观教堂类建筑、军事交通类建筑、祭祀陵寝类建筑四大方面来为读者展现我国古代建筑的魅力，读者可以沿着古建筑的脉络去感受我国传统文化的博大精深。

目录

第一章
宫府园林类建筑

第二章

寺观教堂类建筑

第三章
军事交通类建筑

第四章
祭祀陵寝类建筑

如何拍好古建筑

中国古建筑和天地山水融为一体，传承着数千年的历史文明，凝聚着中国古代工匠们的智慧，更展现了不同历史时期的人文特色，它们或大气磅礴，或简约精致，或繁复华贵。古建筑摄影就是要求摄影师在传承古建筑之美的同时，进一步升华古建筑新的魅力，激发人们对古建筑探求的渴望。

古建筑摄影分为纪实摄影和艺术摄影。纪实摄影一般是忠实地再现古建筑真实的面貌，正确反映古建筑的方方面面及正确的透视关系。艺术摄影则是加入了摄影者本身的主观想象来体现古建筑的艺术内涵。古建筑摄影更多时候是两者的结合体，既纪实又艺术。

器材选择

单反相机 + 镜头若干。目前入门单反相机拍古建筑即可，当然全画幅相机更好。至于镜头的选择，可选择广角变焦镜头 + 长焦镜头，也可以选择一镜走天涯的大变焦比镜头，如 18~200 焦段的大变焦比镜头。其他镜头如定焦镜头，微距镜头等，这些也有用处，但如果不方便携带也可以不用。

拍摄古建筑多数情况是在狭窄的环境中进行，面对雄伟高大的古建筑，要想近距离将其面貌拍全，配备一支广角变焦镜头很有必要，如 16~35 广角变焦镜头；古建筑之美不仅仅局限于高大雄伟的气势，细节更能展示其文化内涵，展示其历史时期的风土人情，如斗拱，角吻，螭首，门窗，各类雕刻，佛像塑像，藻井，雀替，垂花门，彩画壁画等。配备一支长变焦镜头，这些细节便可游刃有余，如 80~200 焦段镜头，当然长焦镜头还有一个用处就是把远处的景物拉近拍摄。

平拍

平拍就是和人的视线相平，中规中矩，建筑物不变形，能简单地表现古建筑的宏伟与内涵，但也表现平平，不会有很强的冲击力。

仰拍

从低角度往上拍称为仰拍。这种角度拍摄出来的建筑会显得很高大，视觉冲击力较强，建筑物会从下向上产生线条汇聚，甚至有直冲云霄之感，也更能展现建筑物的纵深感，一般用广角镜头拍摄。

俯拍

和仰拍正好相反，俯拍从建筑物的上方向下拍摄，拍摄难度较大，高度难以把握，常常用于拍摄大的场景及建筑布局全貌，能够很好地表达建筑物之间的关系。

顺光

让光线从摄影者背后射过来的拍摄称为顺光拍摄（背对太阳拍摄），顺光摄影曝光很容易控制，几乎不需要什么技巧，正常测光即可。顺光摄影可以很容易表现建筑物的质感、色彩，更适合初学者，但这种光线拍摄出来的建筑物立体感较差。

侧光

拍建筑一般用前侧光（光线从摄影者背后呈一定角度斜射过来），前侧光摄影测光也比较容易，还能很好地体现建筑物的质感、色彩及立体感，也就是说拍出来的作品比较逼真！

顶光

光线从建筑物的顶端直射下来的光线。如中午的太阳光。顶光光线较硬，不利于表现物体的色彩，但可以表现雕塑的坚硬、粗犷。

逆光

逆光就是光线从摄影者正面射过来的光线，这种光线测光较难，拍摄难度也最大，拍出来的作品艺术感较强，却不利于表现建筑物的真实面貌，拍摄剪影时常用逆光。

第一章
宫府园林类建筑

北京故宫 东方最大的宫殿

北京故宫位于我国首都腹地，俗称“紫禁城”，与法国凡尔赛宫、英国白金汉宫、美国白宫和俄罗斯克里姆林宫并称“世界五大宫”。曾经作为帝王之所，北京故宫是封建王朝的皇权象征，庄严肃穆，金碧辉煌，先后有 24 位皇帝居住。如今它已经褪去神秘的外衣，不再有那种令人望而生畏的压迫感，显得幽深宁静，为我们打开一扇通向过去的大门。

1406 年，明成祖朱棣降旨修建故宫，历经 14 载终于完成，从此一座气势磅礴的宫廷建筑群便屹立在了东方古国。据统计，北京故宫大概有 9000 间宫室，堪称“殿宇之海”，无论是左右对称的结构布局，还是富丽堂皇的外观形式，整座宫殿都呈现出一种宏大的皇家气派，可谓是无与伦比的杰作。北京故宫的三大殿、后三宫和御花园 3 部分位于中轴线上，蔚为壮观。其中三大殿依次为太和殿、中和殿、保和殿，这是游人来到故宫必去的地方。

故宫角楼又称九脊殿，屋顶上有 9 条屋脊，3 层屋檐重叠，四面呈现凸字形平面组合，造型优美。

太和殿俗称“金銮殿”，明永乐年间建成，当时称为奉天殿，清顺治帝将其改为太和殿，并沿用至今。太和殿是紫禁城内等级最高的建筑物，装饰手法精细巧妙，可以称为中国古代建筑之首，规模十分庞大。太和殿前的平台称为丹陛，上设有代表皇权的日晷、嘉量和象征长寿的铜龟、铜鹤，殿下铺以汉白玉的石雕基座，四周以栏杆围绕，栏杆下还设有用于雨季排水的石雕龙头，若是恰逢雨天游览太和殿，或许你会看到千龙吐水的奇观。殿内重檐庑殿顶，横梁高悬乾隆皇帝亲笔御书的“建极绥猷”牌匾，位于牌匾之下的就是金銮宝座。宝座的设计装饰显示了皇家的尊贵，椅背上金龙缠绕，其他部位饰以火珠纹、云纹、卷草纹等，通体镶嵌红蓝宝石，加之宝座后宽阔的龙髹金屏风以及前后左右6根贴金江山万代升转龙纹巨柱，整个大殿金碧辉煌，熠熠生辉。

《中庸》里说“中也者，天下之本也；和也者，天下之道也”，所以中和殿取“中和”二字为名，意在凝神静气，稳重沉思，明清皇帝去太和殿举行大典之前常在此休息，或者接受官员朝拜，甚至在祭祀前一天，皇帝还要在这里阅览祝文等。据说为了避免三大殿雷同，中和殿的门窗形制采用了《大戴礼记》所述的“明堂”，别有风韵。中和殿屋面覆黄色琉璃瓦，中间为铜胎鎏金宝

旅游小贴士

地理位置：北京市东城区

最佳时节：四季皆宜

开放时间：（4月1日至10月31日）08:30~17:00；（11月1日至次年3月31日）08:30~16:30；除法定节假日和暑期（7月1日至8月31日）外，故宫全年实行周一下午闭馆的措施，每周一开馆时间为08:30~12:00。

旅游景点：太和殿、中和殿、保和殿、乾清宫、交泰殿、坤宁宫

太和殿就是人们常说的“金銮殿”，这是我国现存最大的木结构建筑。

故宫庭院廊腰缦回，树木苍翠欲滴，幽深宁静。

保和殿匾额上“皇建有极”4字为乾隆御笔。

顶，外檐均饰金龙和玺彩画，天花为沥粉贴金正面龙，殿内还设有地屏宝座，雍容华贵，难以言表。

十年寒窗苦读，一朝金榜题名，是古代读书人梦寐以求的荣耀。作为古代全国最高级别的考试殿试的场所，保和殿一直都占据着读书人心目中最神圣的位置。保和殿殿内雕镂金漆的宝座与金砖、别致的天花梁彩画以及丹红色的陈设搭配相互映衬，愈发显得华贵富丽。最吸引人的莫过于殿后阶陛中间的云龙石雕，这是故宫中最大的一块石雕，重达250吨，上刻有云、龙、海水等图案，9条游龙口含宝珠，形象富有动感，栩栩如生。看着这叹为观止的石雕，不禁会让人想起那数万的民夫，他们用旱船拽运的办法从百里之外将此巨石托运而来，艰苦非常，所以云龙石雕不仅体现着雕刻家的非凡才华，同样也凝聚着古代劳动者的智慧和才能。

故宫是经历了600多年风霜的王朝象征，错落有致的殿宇，朱墙黄瓦的建筑，在蓝天白云的映衬下显得光辉夺目。一扇厚重的门隔绝了城里城外两个世界，漫步城内，每一砖每一瓦都刻有历史的痕迹，就连门口的大缸因时间的侵蚀也不再光鲜，但上面的刮痕至今依然清晰可见。远离喧闹的人群，登高眺望紫禁城，呈现在你眼前的是一座巍巍宫阙，威严而庄重，吸引着人们不断去探索发现。

中和殿及保和殿雪景。

沈阳故宫 留都宫殿

明王朝在 17 世纪初期内忧外患加剧，已经走到了末路，此时关外的女真部落趁势而起，首领努尔哈赤建立了后金，后来皇太极建立了大清王朝。沈阳故宫作为清朝建立的标志之一，常被称为“盛京皇宫”，是我国仅存的两大宫殿建筑群之一，沿着 400 年的岁月长河追溯，这座庞大的宫殿建筑群依然为我们保存着那些早已经尘封的辉煌。

沈阳故宫作为我国现存宫殿建筑的典范之作之一，备受世人称道，无论是宫殿布局，还是建筑特色，都值得一览。经过努尔哈赤和皇太极两代帝王的营造，沈阳故宫的整体布局已经基本形成，主要分成东、中、西三路，殿宇高阁依次排开，蔚为壮观。比起气势磅礴的北京故宫，沈阳故宫显得更加小巧别致，所以它也常被称为“陪都宫殿”或“留都宫殿”。

旅游小贴士

地理位置：辽宁省沈阳市

最佳时节：春秋季

开放时间：（4 月 10 日至 10 月 10 日）08:30~17:30；（10 月 11 日至次年 4 月 9 日）09:00~16:30（法定节假日和 7、8 月份除外，每周一上午闭馆）

旅游景点：大政殿、大清门、崇政殿、凤凰楼、文溯阁等

东边一路建筑，古朴典雅的风格足以看出清朝初期的繁华，其中大政殿和十王亭均建造于努尔哈赤时期，精妙绝伦。大政殿初为大衙门，取名笃恭殿，后改成了大政殿，因为其属于八角重檐亭式的建筑，所以俗称八角殿。站在殿前，可见檐上八角飞翘，檐下八面出廊，门前金龙盘柱，殿内藻井天花，美轮美奂。龙椅宝座列在高位，香炉、鹤台分布两侧，又有屏风隔断，显得幽深含蓄。大政殿融合了满汉文化的特色，又将宗教神秘与皇权神圣相连，成为沈阳故宫里最庄严的地方，古时皇帝经常在此举行大典，例如颁布诏书、军队出征等，据说顺治皇帝就是 1644 年在大政殿举行登基仪式的，由此可见大政殿地位之崇高。

大清门、崇政殿、凤凰楼、清宁宫等建筑展开中路画卷，崇政殿居中，其他殿阁“前呼后拥”，风光无限。崇政殿可以媲美北京故宫的太和殿，这就是沈阳的“金銮殿”，这座大殿面阔五间，纵深三间，均由木结构建成，又是我国古代建筑中的一件珍品。硬山式檐下汉白玉石雕围栏环绕，留出前后两处出廊，殿前月台上日晷、嘉量左右分布，廊柱下螭首吐水，梁柱间游龙盘踞，处处显露皇家气概。1636 年，后金更改国号为大清的这一历史事件就发生在崇政殿。清太宗皇太极才经常在此接见外国使臣，处理国家大事，清朝定都北京后，每一位东巡的皇帝几乎都会在崇政殿举行庆贺典礼，场面宏大，难以言表。崇政殿北边，可以望见凤凰楼，青砖台基高出地面 4 米多，三层楼阁凌空升起，滴水歇山式围廊犹如花瓣层层绽开，琉璃瓦光艳夺目，美不胜收。作为当时盛京最高的建筑，凤凰楼的景致非同一般，“凤楼晓日”“凤楼观塔”等都是难得一见的美景，估计乾隆爷当年来此定是流连忘返，才御笔一挥，写下了“紫气东来”。

可以媲美故宫太和殿的崇政殿。

靠近西路，与前面的政治气氛对比，这里的文艺气息更加浓郁一些，戏台、嘉荫堂、文溯阁和仰熙斋等优雅别致，庄严肃穆。文溯阁充分体现了“溯涧求本”之意，作为我国著名的古代藏书楼，其历史地位不可动摇。文溯阁建于乾隆四十七年（1782 年），原本是帝王家的书房，藏书丰富，浩如烟海，《文溯阁四库全书》《古今图书集成》曾经皆存放于此。此楼主体仿照宁波的天一阁，重檐硬山式高悬，黑色琉璃瓦密铺，除过外檐的彩绘色彩偏冷，门窗以及柱子也都单配绿漆，内堂也不再是龙凤呈祥的图案，取而代之的是文人墨客的书画，显得清新而雅致。

凤凰楼是盛京最高的建筑，“凤楼晓日”“凤楼观塔”等景致非同一般，备受推崇。

漫步在沈阳故宫，这座艺术的圣殿使人陶醉其中，流连忘返。沈阳故宫小巧别致，玲珑剔透，从一座一座的殿宇，到一件一件的藏品，都是难得的艺术精品，这种深刻的审美享受不是任何地方都有，所以沈阳故宫的旅程绝对不可缺少。

布达拉宫 世界屋脊上的明珠

布达拉宫在西藏人民心中有着独一无二的神圣地位，它是拉萨这个雪域之都乃至整个青藏高原的象征，堪称“雪域高原的圣殿”，是中华民族古建筑的精华之作。它坐落在拉萨市西北的玛布日山上，犹如一颗光芒闪烁的明珠。

旅游小贴士

地理位置：西藏自治区拉萨市

最佳时节：四季皆宜

开放时间：09:30~18:30

旅游景点：红宫、白宫、弥勒佛殿

甬道由大小不一的石块铺成，路面开阔，隔一段距离有 3 级台阶，徐徐向上延伸。

依山而建的布达拉宫层层叠叠，与山体仿佛融为了一体，宏伟壮观。这座神秘的宫殿是松赞干布为迎娶文成公主和尺尊公主所建，历经 1300 多年，依然巍然矗立，尽管昔人已故，但汉藏人民的友谊却更加深厚。远望气度非凡的布达拉宫，白宫和红宫格外耀眼，红宫居于中间，白宫分散在两边。宫殿的墙壁红白相间，加之金碧辉煌的顶端，色彩对比明显，具有强烈的艺术效果。

布达拉宫整体为石木结构，宫殿的设计和建造遵循了高原地区阳光照射的规律，外墙厚 2~5 米，墙基很宽，直接埋入岩层，非常坚固。在墙基下面则布满了四通八达的通风口和地道。墙身全部是由花岗岩修筑的，有十几米高，且每隔一段，就在中间注入铁汁，已对其进行加固，大大提高了墙体的抗震能力。屋顶和窗檐为木质结构，屋顶采用的是具有汉代建筑风格的歇山式和攒尖式。屋檐下的墙面用具有浓重藏传佛教色彩的鎏金铜饰做装饰。殿内有柱、梁、斗拱、椽木等组成撑架，大厅和寝殿的顶部留有天窗，既便于采光，又有利于空气流通。置身布达拉宫中，仿佛踏入了一个变幻莫测的神秘世界，所有的一切都在吸引着你的眼球。

布达拉宫前耸立着 3 座古老的白塔，分别是药王山白塔、过街塔和红山白塔。

霓虹闪动，星辰初现，布达拉宫在夜色里安宁而庄严，更加迷人。

彩色壁画和雕塑是布达拉宫的一大特色。内部宫室、殿堂无一处不绘有壁画，就连居住的地方也设有幔帐和墙裙。壁画丰富多彩，雕塑更是精细传神，或辉煌壮丽，或典雅庄重。这些壁画、雕塑内容广泛多样，有历史人物图画，还有当时建造布达拉宫的劳动画面以及表现民俗风情的生活图画。色彩以朱红、橘红、深红等暖色调为主，再辅以浅青、深绿等冷色调，画面清晰，对比强烈，表现了藏族人民高超的绘画技艺。

壁画色彩以朱红、橘红等暖色调为主，辅以浅青、深绿等冷色调。

山头的五色经幡随风张扬，彰显着布达拉宫的神秘悠远。群山之间，蓝天之下，布达拉宫纯净而又威严，高低错落、层次分明的殿宇犹如琼楼玉宇，让人舍不得归去。夕阳下的布达拉宫将壮丽和辉煌的美表现得淋漓尽致，霞光洒落其上，由浅红至深红，直至最后消失。等到夜幕逐渐降临，布达拉宫的灯光也依次打开。在灯光的照耀下，布达拉宫显得愈发富丽堂皇、绚丽多姿。

布达拉宫屹立在世界屋脊，是人们梦中的天堂，是信仰最终的归宿，其魅力不仅在于其宏伟壮观的建筑和丰富多彩的历史文物，更在于其纯洁、净化人心的力量，在这里我们可以找到灵魂的栖息地！

宫殿的墙壁红白相间，加之金碧辉煌的顶端，色彩对比明显。

恭王府 清代王府之冠

恭王府坐落在北京市西城区，是清代遗留下来规模最大的一座王府。从和珅入住，到庆亲王永璘接管，恭亲王奕䜣更名，清朝由盛转衰的整个过程都仿佛凝结在这座宅院里，真可谓是“一座恭王府，半部清代史”。

恭王府几经风雨，尽管由奕䜣而得名，但是世人对于恭王府的印象大多都汇聚在和珅时期。相传和珅在乾隆时期家资富可敌国，然而一朝天子一朝臣，等到嘉庆即位后，和珅的大量财产被没收，正是人们常说的“和珅跌倒，嘉庆吃饱”。

新中国成立以后，经过多次修缮的恭王府渐渐迎来寻常百姓的光顾。像史书中记载的“月牙河绕宅如龙蟠，西山远望如虎踞”描述，我们也许无法得知古人的风水玄机，但是院中楼阁林立，布局讲究，亭台之间有池水环绕，一片清幽寂静，的确是一处养生的好地方，难怪郭沫若等名人都曾在此居住，而且他们都很长寿，恭王府周边也是高寿老人云集的地方，所以恭王府历来被人们称为是一座福宅。

站在湖心亭，可以欣赏花园三面假山，静听潺潺流水，一派山水风光令人陶醉。

恭王府由府邸和花园组成，总面积 6 万多平方米，府邸沿三路展开，形成 3 个大的院落，无论是建筑规模，还是建筑规制，都是最高级别的标准。从东边起，前为多福轩，后接乐道堂；走中间，银安殿和嘉乐堂蔚为壮观；来到西侧，葆光室与锡晋斋相互照应，最深处后罩楼横跨三路，南北展开，由此处进入王府花园。

“皇宫里有个金銮殿，恭王府里藏着银銮殿”，这座“银銮殿”就是银安殿。作为府邸的正殿，银安殿居于宅院里的正中位置，有着其他殿阁无法比拟的气魄，绿色的琉璃瓦在红日下熠熠生辉，飞檐微翘，楼柱擎天，雄伟而庄严。每逢恭王府有重大的事情或者盛大的节日时，银安殿都是首选的地址。银安殿之后，紧跟着嘉乐堂，这座楼阁始建于和珅时期，室内堂高挂一方匾额，上书“嘉乐堂”三字，有人认为这是乾隆皇帝御赐之物，但是真假已无从考究，尽管和珅曾在《嘉乐堂诗集》中提到将“嘉乐堂”为其室名，但这匾额之谜依然未能揭开，这使得它更加神秘。

来过恭王府花园的人，可能会立刻想起紫禁城里的宁寿宫，没错，这座“锦翠园”正是仿照宁寿宫建成的。花园里三面假山环绕，山顶留出观景台，可以俯视整个花园。山峦内部洞壑穿梭，流水淙淙，一派山水风光。恭王府花园从后罩楼开始，也分成三路，繁华壮丽，据说当年嘉庆皇帝赐死和珅，却未见和府聚敛的财产，直到拆除后罩楼时才发现了藏在空心墙内的价值亿万两的金银珠宝，使人吃惊不已。此外花园中还有 9999 只“蝙蝠”，它们有的是窗棂、亭柱、回廊上的纹饰，有的是一座楼或者一方水池的轮廓，千奇百怪。我国传统文化中常借“蝠”与“福”的谐音来传达福运降临之意，再加上康熙皇帝御笔题写在石碑上的“福”，锦上添花，刚好万福临门，幸福满园。

恭王府在现代化的大都市里隐藏了踪迹，但是古老的气息依旧和百年古都的底蕴交融在一起，无论时空如何转变，岁月怎样变迁，恭王府的老故事永远也讲不完。

西侧主体建筑之一——锡晋斋。

银安殿作为府邸的正殿，位于宅院的正中位置。

恭王府花园又名“锦翠园”，是仿照宁寿宫建成的。

旅游小贴士

地理位置：北京市西城区

最佳时节：四季皆宜

开放时间：（3 月 16 日至 11 月 15 日）07:40 ~ 17:20；（11 月 16 日至 3 月 15 日）08:40 ~ 16:50

旅游景点：花园、银安殿、嘉乐堂

回王府 西域小故宫

翻开瑞典探险家斯文赫定的《马仲英逃亡记》，我们可以找到哈密回王府被焚毁之后的描述，不禁使人痛惜 200 多年的繁华在烈火中烧成了灰烬。走进哈密市回城乡的回王府，历史的遗迹已经淡去，现在的府邸是 2003 年按照原貌重新修建的，与其说这是对历史的补偿，不如说是对曾经的祭奠。

哈密回王府最早位于回城的东北角上，前身是蒙古府，在清朝康熙时期得到重新修建，最后变成了回王府。从维吾尔族首领额贝都拉归顺大清以后，这座回王府的历史就已经开始书写了，据说额贝都拉从京城归回时，请了许多汉族工匠重修王府。据清代诗人肖雄的《西疆杂述诗》记录，府中楼阁亭台错落有致，布局精妙，风韵别样。

⊙ 点兵台巍巍矗立，宏伟气派，曾是回王检阅士兵的地方。

门户跟人的面子一样，在中华文化中占有相当大的比重，无论是皇家豪门，还是乡绅平民都十分关注“门面”。“九”是阳数之极，在个位中属于最高位，因此也称天数，回王府修筑九重门，足以可见其重要的地位。在九门之中，正楼门尤为出众，大门上红漆灿灿，一派喜气洋洋，雕梁画栋之间斗拱交织，檐梢飞翘，绿色的琉璃瓦密密如细浪鱼鳞，美不胜收。

正门之后庭院渐渐向东西两侧分开，进过长廊，沿 56 级台阶可以抵达炮亭，宫廷表演厅、博物馆、王爷台等皆尽收眼底。王爷台占地近 4 万平方米，气势恢宏，可谓是哈密回王府中的标志性建筑，它分为上下两层，台下双层结构布局，台吉议事处、回王宫大殿、回王寝宫等建筑分布其中，台上古建筑群排开，蔚为壮观。王爷台陈设精美，桌案上笔墨纸砚充满文化气息，镶金宝座光艳夺目，背后战略地图高挂在墙上，左右枪支排列，又给人些许的紧张感，不过自鸣钟、铜镜和绘有山水草木的玻璃屏风又慢慢地带来了生活的味道。

说到回王府，自然更不能忘了花园。斐景福在《河海昆仑录》里说哈密回王府“有亭馆三、四区，结构雅洁，而古木连阴，百花齐放，红白绚烂，为中土园事所未有”，而在《新疆游记》中，谢彬同样提到“核桃、杨、榆诸树，拔地参天，并有芍药、桃、杏、红莲种种”，由此可见，哈密王府花园的确清新秀丽，风光无限。王府花园地处客厅之后，分成一大一小两处，大园可供游玩休息，小园则仅是回王与亲属的寝居之地，园中布置得当，匠心独具，很有南国水乡园林的气质，常常使人流连忘返。

回王府是民族文化交流的见证，珍藏在王府博物馆里的每一件古物，都是一处历史的印记。无论你何时来这里，重温一段祖先们难忘的岁月，看那深深庭院，看那巍巍殿阁，他们用无声的语言，以建筑的符号，告诉我们不同的文明相遇时的激情。

王爷台位于回王府最高处，可以在此俯瞰整个院落中的景色。

古代回王常在会议厅中商议军机大事，运筹帷幄，决胜千里。

王妃卧室布置精美，各种刺绣、织锦随处可见，充满了民族特色。

旅游小贴士

地理位置： 新疆维吾尔自治区哈密市

最佳时节： 四季皆宜

开放时间： （淡季）09:30 ~ 19:30；（旺季）09:00 ~ 20:00

旅游景点： 王爷台、正楼门、回王宫大殿、回王寝宫、配殿、王府花园等

庄王府 天津小故宫

天津的庄王府位于南开区，素有“津门庄王府”“天津小故宫”之称，其前身就是原来北京城里的庄亲王府，同样属于正宗的王府规制。作为北京以外唯一的清代皇亲建筑，天津庄王府成为又一处研究清朝贵族历史文化的范例，王府建筑群布局讲究，特色鲜明，因此远近驰名，吸引了大量的游客前来观光旅游。

庄王府最早可以追溯到清朝皇太极时期，当时名为承泽亲王府，是五皇子硕塞的宅院，王府规模宏大，楼阁林立，花园秀丽，处处显露着皇族特色。然而，八国联军侵华之时，庄王府不幸遭遇劫难，之后逐渐没落，第十三代庄亲王溥绪走投无路，最终把破败的王府出卖给了李纯。现在的天津庄王府正是取原来老宅材料重建的，所以王府的制式也一起保留了下来。

尽管天津庄王府依旧有皇家风采，但是作为后来的李纯祠堂，布局上便有了变化。原先的王府大宅布局讲究前厅堂后花园，这样显得宅院山水内藏，温婉含蓄，幽深宁静，然而李纯祠正好相反，使花园“暴露”在前面，宅楼分布在后面，常常使人找不到正门。后宅从照壁开始，一路上石坊、拱桥、正门分布，进入府内，前中后3殿依次排开，后接配殿，侧绕回廊，形成整体轮廓。

来到天津庄王府，别的可以不看，花园必须得看。花园里草木青青，古建筑虽然不多，但是优雅闲适的气氛很适宜漫步。过了花园，踏上石砌的拱桥，需要你仔细端详一番，这就是北京故宫外金水桥的缩小版，不仅布局样式相似，连雕刻纹饰也有异曲同工之妙。

大门两侧，两只狮子盘踞须弥座上，神情庄严，气势威武逼人。雕刻技艺高超，头上鬃毛刻画得细腻漂亮，犹如卷云一般，狮口大开，可见如锥钢牙，栩栩如生，极为传神。抚摸着光滑的狮子，你很难想象它们都已经有400多年的历史了，据说这两只石狮曾是明朝太监刘瑾宅前的瑞兽，后来清朝时期被庄王府得到，最终又辗转到了天津，可谓是一波三折，跌宕起伏。

旅游小贴士

地理位置：天津市南开区

最佳时节：四季皆宜

开放时间：09:00 ~ 17:00

旅游景点：照壁、前花园、三进式四合院

府内的石拱桥是北京故宫外金水桥的缩小版。

大门两侧各有一只盘踞在须弥座上的石狮。

“赑屃驮御碑”石雕。

门内有一座赑屃驮御碑石雕，来往的游客们经常在这里驻足。站在碑前，洁白的汉白玉石雕碑身笔直挺拔，但是碑上没有任何一个文字，其中的秘密令人好奇。碑底正是古兽赑屃，其酷似巨龟，因此也有人称“神龟驮碑”。龙生九子，各有不同，赑屃是九子之首，性情沉稳，力大可以负重，又是长寿的象征，所以当地人常有摸赑屃的民俗，“摸摸头，什么也不愁；摸摸背，一辈子不受累；摸摸牙，想啥就来啥；摸摸尾，一辈子不后悔”。

再往里就是李纯祠的宅院部分了，看着雕梁画栋的古楼殿阁，不仅使人感叹历史的变迁，从明朝宦官刘瑾、清代庄亲王，到江苏督军李纯，时间就像一部机器，用这些建筑记录了这一切。歇山式屋顶上琉璃瓦细如锦鳞，衬着阳光色彩斑斓，门窗火红火红的，无比喜庆，此外各种木刻、石雕、塑像等点缀殿宇和院落之中，古色古香更加浓郁。

如果站在戏台前听听地方戏，也是一种难以言表的享受，平时匆匆忙忙，现在借着机会放松一回，想想当年的王子贝勒正是在此，品着香茶，听着戏曲，多么的逍遥自在。

王府戏楼。

靖江王府 桂林山水之城

靖江王城地处广西桂林，坐落于漓江之畔的独秀峰下靖江王城景区，以桂林“众山之王”独秀峰为中心，山川秀丽，风光迷人，一座古城围起一段往事，神秘而又宁静，惹人回味。

靖江王城是明太祖朱元璋唯一一位侄孙靖王朱守谦所建，始建于明朝洪武五年（1372 年），比北京故宫早建了 34 年，是我国目前历史最长且保存最完好的明代藩王府第，是近几百年来桂林历史和文化的浓缩。在其 640 多年的岁月里，明朝 14 位靖江王曾经在这里居住。

旅游小贴士

地理位置：广西壮族自治区桂林市

最佳时节：四季皆宜

开放时间：07:30 ~ 18:30

旅游景点：独秀峰、王府、摩崖石刻

明代的靖江王城为皇家建筑，占地面积达 19.78 万平方米，规模十分宏大，远远望去，层层殿宇连绵不绝，气势非凡，四周的城墙更是用巨石砌成，坚固无比。王城东西南北四面皆有大门，分别为“体仁”（东华门）、“遵义”（西华门）、“端礼”（正阳门）、“广智”（后贡门），坚城深门，气势森严。整座王城的建筑布局采用的是中国最传统、也最典型的中轴对称形式，中轴线上主体建筑依次排列，殿堂巍峨，富丽堂皇，尽显皇家的尊贵与奢华。中轴线两侧亭台楼阁，错落有致，层叠鲜明，严谨中露出几分闲适。

大门后一条古老清幽的石板路向远处延伸，两旁种满了低矮的灌木。这条路名叫王道，已有 600 多年的历史了，这并不是一条普通的青石板路，在古代是身份、权力、地位的象征，只有王爷、王妃可以走。这条道路有着非同一般的地位，它不仅是整个王府的中轴线，更是整个桂林的中轴线，城市以此为中心向四周延伸。王道两旁处于次位的则是供文武大臣通行用的路，东为文道，西为武道，文武大臣分而行之。通道两边的扶手上还有象征着吉祥如意、长寿安康的宝瓶、寿桃、莲台等四宝，于细微处体现了古代建筑之严谨、精细。王道通向承运殿的石阶中间部分绘有云朵图案的浮雕纹饰，这便是云阶玉陛，雕刻精美，雍容大气。

两旁种满低矮灌木的王道。

王城内的独秀峰，历史十分悠久，由 3.5 亿年前的沉积石灰岩构成，如刀削斧砍般的裂隙从山顶到山脚几乎垂直，通过流水的作用，形成了孤绝的高峰。拔地而起，孤峰兀立的独秀峰，峭拔俊秀，直插云霄，不愧为“南天一柱”。“桂林山水甲天下”这句最早点评桂林山水的不朽名句，也刻画在独秀峰上。独秀峰是大自然的鬼斧神工之作，无数文人墨客都被其震撼，南朝宋颜延更是留下了“未若独秀者，峨峨郛邑间”这样的赞叹。

靖江王府后院有“三怪”，它们分别是“夫妻树”“状元井”“龙爪抓青天”。合二为一的榕树和槐树，阴阳相生，已有 100 多年的历史，创造了生命的奇迹。传说只要喝一口“状元井”中的井水，就可以使参加科考的学子们考出好成绩。“龙爪抓青天”因其树形而得名，它的树枝 3 根向左，3 根向右，并极力地向天空伸展。远远望去，如同腾空飞舞，翱翔蓝天的飞龙。

独秀峰孤峰兀立，峭拔俊秀，直插云霄，不愧为“南天一柱”。

靖江王府充满了浓郁的历史文化气息，使人常常流连忘返。徜徉在古老的楼阁之间，无论是恢宏大气，雍容华贵，还是典雅秀丽，幽静宜人，都会让你久久难以忘怀。

张氏帅府 名将故居

近来电视剧《少帅》备受热议，位于辽宁省沈阳市的张氏帅府同样也引起了多方关注。张氏帅府是张作霖和其长子张学良的府邸，常常被称作“大帅府”或“少帅府”，这里曾经是东北三省的政治军事中心，它经历了中国近代史上的直奉大战、东北易帜、九一八事变等大事件，现在作为历史博物馆向世人开放。

张氏帅府始建于 1914 年，占地面积近 4 万平方米，主要分成东院、中院、西院和院外建筑等 4 部分，其中以大、小青楼、西院红楼群及赵四小姐楼等最为出名。建筑群规模庞大，蔚为壮观。张氏帅府里不仅有我国古典的四合院，还有许多欧洲风情的楼阁殿堂，中西结合，风光别样。

大青楼为张氏帅府标志性建筑，楼身通体呈现青色，因此获得其名。

作为张氏帅府建筑中的代表，大青楼特色鲜明，整座楼主要以青砖建造，楼身通体呈现青色，因此获得此名。大青楼始建于1918年，历经4年完成，楼高37米，与沈阳故宫里的凤凰楼遥遥相望，两者建筑风格迥异，相互映衬之下形成了沈阳城里一道新的风景。在这里，张氏父子运筹帷幄，决胜千里，无论是两次直奉大战，还是东北易帜、处决杨常事件，都是影响近代中国的大事件，而大青楼有幸为我们记录了这一切。

和承载着厚重历史的大青楼相比，小青楼四周鸟语花香，显得更加清幽闲适。素有“园中花厅”的小青楼坐落在帅府东院花园的中心，是张作霖专门为其爱妻五夫人寿氏所筑，建成于1918年。这座小楼充满了家庭的温馨祥和，同样也凝结着张作霖的悲伤，遭遇皇姑屯爆炸事件之后，他便在此结束了传奇的一生。小青楼造型古朴典雅，虽然历经沧桑略显苍老，却始终以顽强的姿态存在，并屹立不倒。它刻下了历史车轮滚动过的痕迹，记录下了每一个动人的故事。

清幽雅致的小青楼。

西院的红楼群是帅府内建筑面积最大、房屋最多的建筑群。由设计师杨延宝设计，荷兰建筑公司兴建。该楼群在建设过程中可谓是历尽波折，“九一八事件”战争爆发后，未完成的建筑群被日军所占领，之后建筑群虽然完成了，却由原来的设计的7座改成了6座。该楼群的设计具有鲜明的时代特征，在保留西方古典韵味的同时，又巧妙地融入了中国传统审美元素。远远望去，红墙红瓦，醒目而又典雅，稳重而又热烈，如同6朵玫瑰在这片院落中静静绽放。

谈起少帅张学良自然会让人想起他的“红粉知己”赵一荻，他们的爱情虽说不上轰轰烈烈，却也是刻骨铭心、感人至深。赵一荻的故居即赵四小姐楼，就位于帅府的东墙外，它是二人“当代冰霜爱情”的见证，也是一处引人驻足的靓丽人文景观。

赵四小姐楼向东就是沈阳金融博物馆，这里原是张氏家族的私家银行。银行的建筑承袭了张氏帅府中西合璧的建筑风格，主楼为仿罗马式建筑，宏伟壮丽。走进博物馆，如同穿越了年代来到了曾经的边业银行，各色各样的穿着民国时期服装的蜡像人忙着各自的事情，一派繁荣的景象。还有那陈列的中国古代各种货币和世界各国的货币，一副波澜壮阔的金融发展史展现在了世人眼前，值得我们去探索与追寻。

曾经的辉煌虽已随着岁月的脚步湮没于历史的长河中，但是那一处处历经沧桑的建筑却都留下了时代的印记。张氏帅府像是一段时代的剪影，永远为我们留下历史的记忆，使人感慨万千。

旅游小贴士

地理位置：辽宁省沈阳市

最佳时节：四季皆宜

开放时间：（5月1日至10月15日）08:30～18:00；（10月16日至次年4月30日）08:30～17:30

旅游景点：大青楼、小青楼、西院红楼群、赵四小姐楼

帅府厅堂内素雅清静，虽说是将帅的故居，但也有书香气息。

丽江木府 古城中的“紫禁城”

万卷楼。

一部《木府风云》电视剧让这座丽江的“紫禁城”更加广为人知，透过木府，人们仿佛看到了云南土司家族的兴衰史。历经沧桑变化的木府经过重建之后，犹如凤凰涅槃，向世人展示其独特的魅力。“不到木府，等于不到丽江”，足可见木府在丽江景观中的重要地位。

木府是丽江木氏土司衙门的俗称，是土司木氏家族的府邸，位于丽江古城狮子山下。整个木府坐西向东，是建筑艺术的典范，因而有“北有故宫，南有木府”一说。历经元明清三代的木氏，在丽江有着绝对崇高的地位，其府邸建筑宏伟辉煌，精致华美的雕刻令人叹为观止，鼎盛时期的木府占地6万多平方米，有近百座建筑，就连旅行家徐霞客游历木府之后都曾赞叹：“宫室之丽，拟于王室”。

尽管木府只是一座土司的宅院，但它却有着不亚于任何一座王公贵胄官邸的奢华与恢宏。整个木府的建筑布局严谨，气势恢宏的议事厅，藏万千文化精粹的万卷楼，歌舞宴乐的玉音楼等建筑设计巧妙，匠心独运。

木府有王者之气，但是它的选址并没有遵循我国传统的“居中为尊”的建造格局，而是偏居城南一隅，在丽江古城占据中间位置的却是四方街。四方街交通便利，四通八达，往来的商客在此云集，可以说是丽江的经济文化中心。依山而建的街道蜿蜒纵横，两侧的商铺、民居鳞次栉比。古色古香的建筑、新颖别致的装饰、各色品种的商品等让古城有了“山城无处不飞花”的美誉。

木府与丽江古城拥有着相同的民族气息，这里集合了纳西族、白族、彝族等众多的少数民族。因为有着众多的少数民族聚集在这里，所以府中的建筑最大的特点就是融合。在王府内，你甚至可以看到其他民族的特色。例如纳西族的民居建筑，几乎每一个墙角都会用砖垒砌，清一色的青瓦覆顶，布局轮廓不拘一格，形成了纳西族民居优美的建造形式和古朴淡雅的色彩基调，王府建筑仿佛就带有这些“影子”。

如今的木府作为一个旅游景点，欢迎来自五湖四海的游客来此游览。它不仅代表了一个民族曾经的辉煌历史，而且也是纳西族人为自己的祖先自豪骄傲的象征。这个灿烂辉煌的建筑艺术群，不仅充分体现了明代建筑古朴粗犷的风韵，而且在保留明代中原建筑风格的基础上，将纳西族、白族等各个地方的建筑艺术风格融入了进去。除此之外，木府还是一座汇聚了名木古树、奇花异草的园林，介于皇家园林与苏州园林之间，兼具天地山川的清雅之气与王宫府邸的恢宏大气，这也将纳西广采博纳多元文化的开放精神展露无遗。一座凝聚了丽江古城千年文明精魂和各族人民博大智慧的木府，如涅槃的凤凰一般，将曾经的繁华和当代的盛景舞给人们去欣赏、去感叹。

木府内堂的布置充满了民族特色，别有风味。

室内彩绘图案光艳照人。

木府的卧室里，各种木质家具造型美观，木床纹饰繁多，令人眼花缭乱。

旅游小贴士

地理位置： 云南省丽江市

最佳时节： 5 ~ 10 月

开放时间： 全天开放

最佳美景： 议事厅、万卷楼、护法殿、玉音楼

乔家大院 晋商名宅

著名导演张艺谋的电影《大红灯笼高高挂》，第一次让乔家大院走进了全国人民的视野，电视剧《乔家大院》的播出更使这座晋商大院名扬中华，享誉海外。剧中那高高挂起的红灯笼、凌空外展的屋檐、庄严方正的豪宅大院、古朴典雅的家具装饰等，无一不在诉说着这座具有建筑特色古宅的沧桑与繁华。

乔家大院又名“在中堂”，位于山西省祁县乔家堡村，是清末著名的商业金融资本家乔致庸的府邸。宅院始建于清乾隆年间，在之后的几十年里经历多次扩建和修缮，最终成为一座由300多间房屋组成的面积庞大的建筑群落，如今已是国家级文物保护单位。

在中堂。

闻名遐迩的乔家大院有着“皇家有故宫,民宅看乔家”的说法,可见其规模之盛、建造之精。作为一座城堡式的民居建筑，乔家大院有着科学合理的布局和规划。“喜”字形的布局说明在建造时乔家人对这处宅院充满美好的寄托。整个建筑威严气派，古朴庄严之中蕴藏着细腻精湛的雕刻装饰，有着藏富于拙的意味。在乔家大院，砖雕、木雕、石雕随处可见，飞檐斗拱，工艺精湛，具有很高的研究价值和美学价值。因此乔家大院被许多专家学者誉为“清代北方民居建筑的一颗明珠”。

木雕。

这座大院好像一座神奇的宝藏，金宝内藏，光彩熠熠，令人眼花缭乱。走进那扇古老的大门，展现在眼前的是一幅徐徐展开的厚重画卷，那被打开的一扇扇古拙的大门，好似迷宫的一个个入口，让人不敢向前。门头上悬挂的匾额上书写着雄浑的大字“古风”，笔力雄健，气韵不俗，如同宅院的基调风格一样。大院以高高的砖墙封闭，10 米多高的院墙既能防外患，还能凸显宅院的威严。

书房内墨香浓郁，淡雅清静。

大院的北面有 3 个大开间的建筑，建造得非常精细，从西开始分别是书房院、西北院和老院。这些建筑都有较为宽阔的甬道，可以走行人和车马轿。沿着正院的门道进入，正房前有 3

大院内的建筑都有宽阔的甬道。

旅游小贴士

地理位置：山西省晋中市

最佳时节：3 ~ 11 月

开放时间：08:00 ~ 18:30

旅游景点：穿心院、偏心院、角道院

级大台阶，寓意“连升三级”和“平步青云”。两座主楼名曰明楼，其巍然之高大，如山如岳，其傲然雄立，如君如王，那种雄视千古之霸气无一不彰显乔家主人在当时商界呼风唤雨的地位。

乔家大院之所以闻名于世，不仅仅因为它那气势磅礴的建筑群体，更因为它的每个雕琢细腻的细节。那鳞次栉比的悬山顶、歇山顶、硬山顶、卷棚顶及平面顶，处处显露古代建筑的卓越风采；那数量众多的院落和花园，院与园相扣相依的精心设计让人叹为观止。

乔家大院有 3 件镇馆之宝，分别是：万人球、犀牛望月镜和九龙灯。万人球构造奇特，专门挂在屋顶天花板上，每当在客厅与人谈话时，可以把屋内的人按照某种比例缩小到球上，用以监视，这种特殊的用途在当时非常罕见。犀牛望月镜之所以能够成为珍宝，不仅是因为它的面积大，是个直径有一米的大镜子，而且构造材料珍贵，镜架镜框是用稀有的铁力木制作而成。圆镜的下方有祥云缭绕，犀牛回首仰望，好似痴望明月。九龙灯是慈禧太后赏赐乔家的，是全国现存的两盏之一，非常珍贵。

每当晨曦染红飞檐斗拱时，曾经的辉煌与没落、荣耀与失意，似乎都湮灭在这钟鸣鼎食、曲榭回廊的大院之中了。置身其中，不禁让人为建造者的智慧和勤劳而感叹。

门楼檐顶斗拱结构精妙，展现了古代建筑师的高超技艺。

长亭设置在庭院当中，与周围的景观和谐一致。

王家大院 华夏第一宅

如果你看过《刀客家族的女人》《铁梨花》《吕梁英雄传》《沧海桑田一百年》这些影视作品，那么其中古色古香的古镇建筑，相信你一定不会忘记吧！那就是位于山西省灵石县的王家大院。尽管时间已经过去了300多年，但是这座古建筑群依旧保留着明清时期的基本容貌，如同一座充满了生命气息的艺术圣地。

翻开家谱，王氏一族的历史源远流长，灵石县静升镇的王家就是其中的一支。从元朝仁宗时期，王实乔迁至静升村以后，王家就秉承了晋商兢兢业业、孜孜以求的品质，由农到官不断壮大。明朝时，王家富甲一方，锦衣玉食之下，很多族人开始堕落，不思进取。到了清代初年，则大兴土木，营造和扩建屋舍庭院，耗费巨资，但王家铺路修桥、赈灾救民，也造福了许多乡里百姓。道光之后，王家基本败落了，大院里更是人丁稀少，蒿草丛生，呈现一片荒凉之景。

庭院彼此独立，四周楼阁围绕，中间由门联通。

也许正因为荒芜的景象才保全了王家大院，战乱也罢，天灾也罢，它就如同陶渊明的桃花源一样位于世外，不为人知。现在走进王家大院，古色古香的旧时院落重重叠叠，一代豪门的富贵气息迎面而来，庭院前堂后寝，布局严谨，处处显露着封建时代的宗法礼教特点，前后延伸的四合院里，祭堂、绣楼、厨院、家塾、书院等建筑错落有序，相得益彰，相互之间又有门户相通，出入自由。

王家大院最为突出的要数红门堡和高家崖两处。红门堡建筑群建于乾隆年间，楼阁沿着山势不断攀升，院落之间层次感明显，大致可分成 4 级。中间道路开阔，两侧建筑群相互对称，3 条横巷平行穿过，整体轮廓像一个大写的“王”字，如果仔细观看，还能发现其中暗藏着“龙”的形象，使人惊叹不已。高家崖比红门堡稍晚一些，院落中的雕刻是一大亮点，其中砖雕、木雕、石雕这三雕艺术最为精湛，无论是题材内容，还是雕刻技艺，都堪称艺术精品，封建社会的等级制度和王氏家族的治家之道都能在这些雕塑里看到，它们正像泛黄了纸张的历史书，为来客讲述一段往事，也带来一次深刻的审美体验。

高家崖建筑群。

静升文庙作为王家大院的一部分，不仅属于建筑范畴，更是精神层面的存在。作为一座朴素而不俗的乡村文庙，静升文庙显得十分特别，尽管其规模较小，但是规制却相对较高，棂星门、泮池、状元桥、大成门、大成殿、尊经阁等建筑俱备，王家的后人无不受到这里的熏陶和教诲。庙内如今保留一座双面镂空的石雕午壁，壁上的“鲤鱼跃龙门”，惟妙惟肖，栩栩如生，令人惊叹不已。

百善孝为先，王家门风十分重视孝义，王家大院里的孝义祠尽管在家族5座祠堂里最小，但是却意义非凡。据说乾隆皇帝当年赞扬王氏十五世孙王梦鹏的孝义，颁下谕旨建立孝义牌坊以表其功德，之后在此坊的基础上建造了孝义祠。孝义祠分成两院，面南而建，院内3间窑中可见有关王梦鹏的雕塑，还有宗祠、坟茔的模型一一陈列，楼上则供奉着历代祖先的牌位，受后人祭祀和缅怀。

王家大院总是散发着艺术的气息，从你踏进这古老的院落那一刻起，你会深深地爱上了那些雕刻品，那些楼宇。慢慢走着看着，你才会知道缔造这一切的原来是一群富有传统文化涵养的人，他们把生活变成了永不苍老的艺术。

旅游小贴士

地理位置：山西省灵石县

最佳时节：春秋季

开放时间：08:00 ~ 17:00

旅游景点：高家崖建筑群、红门堡建筑群、静升文庙、孝义祠

孝义祠。

皇城相府 文化巨族之宅

门楼敞亮气派，彰显了豪门风范。

皇城相府位于山西晋城境内的北留镇，这座 3 万多平方米的建筑群正是清代文渊阁大学士陈廷敬的故居，又称为午亭山村，其中楼宇高阁林立，风光别样，气势恢宏。皇城相府属于难得一见的明清两代城堡式官宦住宅群，因此被称为“中国北方第一文化巨族之宅”。

皇城相府兴建于明朝崇祯年间，分成内城和外城。内城早于外城，由陈廷敬的伯父陈昌言建于明朝，最初只有 8 座大型院落，后来逐步发展到 16 座，气势磅礴，蔚为壮观，外城直到清朝康熙年间才基本竣工，厅堂在前，寝室居后，内府分列左右，其中花园、闺楼、书院等应有尽有，足以显现陈廷敬贵为康熙帝师的崇高地位。

皇城相府里的“皇”指的是康熙，据说当年康熙爷来探望老师陈廷敬，两次都住在“中道庄”，就是今天的斗筑居，所以才有了“皇城”一说。斗筑居整体为长方形，南北长于东西，城墙上有5座门，墙头垛口密布，关键的地方建有堡楼，形成了坚固的防御工事，确保城内安全。站在城上的春秋阁或文昌阁俯视斗筑居，城墙内侧四周暗藏的藏兵洞尽在眼底，层层抬高，密密麻麻，共有125间，以供战时使用。

“皇城相府”中的“相府”，一般指的正是冢宰第，也称“大学士第”。冢宰第建成于康熙年间，算来也有300多年的历史了。进入院中，曲折萦回的布局显得府中幽深而又宁静，影壁过后东出如意门，通向东书院，北侧留出两座门，旁边立着八字影壁，外间堂内圆柱之间布置有木质的屏风，含蓄典雅。屏风背后有一处通道长期闭合，专为主人、贵宾等人遇到重大事件的时候使用。

藏兵洞。

院内相对开阔，四面屋舍合拢，显得清幽宁静。

冢宰第，也称大学士第。

旅游小贴士

地理位置：山西省晋城市

最佳时节：5 ~ 10 月

开放时间：08:00 ~ 18:00

旅游景点：斗筑居、河山楼、屯兵洞、御书楼、冢宰第

二门后面是一处较为开阔的庭院，正北方厅堂被称为“点翰堂”，乃是皇帝亲笔御书，极为珍贵。继续向北，内宅隐匿，更是别有洞天，使人不禁叹服设计者的匠心独具。

府宅最高的堡楼就是河山楼。河山楼高达 33 米，七层楼阁高耸入云，楼内上下层之间有木塔相接，最底层深入地下，那里有水井、石磨等曾经的生活设施，以及用来逃出内城的地下暗道。相传明末战乱时期，时局动荡，经常有流寇袭扰村庄，陈氏家族建立了城池，并和村民一起建立了防御工事，河山楼依靠地势可以瞭望敌情，同时也可储存粮食以备不时之需，当年通过河山楼避难而存活下来的附近村民超过上千人，所以这座饱经沧桑的古楼在皇城相府永远都是精神的制高点。

自古读书是步入仕途的主要通道，所以才有了“十年寒窗苦，一朝天下闻”。据历史记载，皇城相府从明朝孝宗开始算起到清朝乾隆时期，近 260 年的时间里，先后一共诞生了 41 位贡生，19 位举人，还有 9 人得进士，6 人入翰林，名噪一时，非同凡响。小姐院、南书院、管家园和御书楼等建筑都可以看见当年陈氏子弟学习和生活的影子，游览古园的时候，不知你是否闻见了浓浓的书墨之香，不过那深厚的文化底蕴一定会感染你……

河山楼连成一片，起伏的屋脊如同山峦一般。

康百万庄园 中华第一庄园

明朝末年的一天，一艘从洛阳驶出的船上坐满了人，这是一个大户人家，为了避难而离开了故地。行至途中，家中族长看见眼前的气象，不禁赞叹：“真是一处风水宝地！五龙朝天，金龟探海，贵不可言啊”。于是打听到这里就是巩县康店渡口，那 5 座山峰便是邙山，山下大户姓康。族长暗喜，本家姓朱，这朱（猪）与那康（糠）相辅相成，互补互荣，真是天地造化，既而携带家小投奔，并将女儿嫁给了康家，后来两家合成一家，更加兴旺发达。然而故事的真实版本并非这么简单，据说当年福王死在了李自成剑下，逃出洛阳的李妃流落到康家，后来康朱后人联姻，才有富甲一方的基业。

故事里的河洛康家正是今天的康百万庄园，其位于河南省巩义市，与刘文彩庄园、牟二黑庄园并称“全国三大庄园”，又和山西晋中乔家大院、河南安阳马氏庄园合为“中原三大官宅”，它不仅承载了河南豫商发展的历史，同样代表着中原地区大型古建筑群的特色。话说当年八国联军侵华时，慈禧逃出北京，避祸西安，返回途径河洛，康家掌柜康鸿猷捐献出百万资费，慈禧感叹，赐给康氏一族“康百万”名号，从此名扬四海。

雕塑再现了康家发迹背后所付出的努力和实干。

库房是康家的存钱之地。

康家镇宅之宝——留余匾。

从明末康朱联姻开始，经过十几代人的苦心营造，400多年里康百万庄园沿着山坡建造，一直延伸到山顶，屋舍楼宇势如堡垒城郭，蔚为壮观。翻开康氏家族的创业史，使人不禁感叹富贵依然需要实干，如果没有祖辈的兢兢业业，哪里会有后来康百万的风光无限。置身庄园之中，仿佛人在迷宫一样，因为康百万庄园只有一个入口，所以外人无故闯入，便难以走出。16万平方米的土地上明代楼院、住宅区、商店区、饲养区、木材区、造船厂、金谷寨等布局精致，井然有序，楼阁建筑更是古朴典雅，庄重气派。

康家以经商致富，所以商务总部栈房区自然就是康百万庄园建筑群的核心。栈房区与主宅区和码头相邻，这里商埠云集，屋舍鳞次栉比，一派繁华的景象。穿行在楼阁和回廊之间，抬头便可以看见高高悬挂的匾额楹联，康百万庄园浓郁的豫商文化便可以一一饱览。“留余匾”作为中华名匾，一直是康家的镇宅之宝，据说此匾由牛瑄所题，此人正是河南巩义人士，曾经被清朝同治皇帝钦点为金殿传胪，即二甲第一名。康家借牛瑄之笔题字，正是希望子孙以此人为榜样。“留余匾”现挂在主宅区一院过厅内，来往行人都可以看见，匾额犹如一面锦旗，呈波浪起伏之状，上凹下凸很富有动感，然而其中更有深意，话说上凹意指“上留余于天，对得起朝廷”，下凸意为“下留余于地，对得起百姓与子孙”，“留余”二字则取自中庸，强调凡事都需留有余地，不可以过分穷极，可见康家对后辈的教育极为重视，这也许就是康家百年传承的关键所在。

庄园内景书房、厨房、画室等建筑保存完好，从中我们可以看到康家曾经的生活全貌。生活区的住宅以黄土高坡的窑洞与华北平原的方四合院为主，又带有官府、园林和军事堡垒等建筑的特色，从而形成了“窑楼”的奇观。院子里亭阁高耸，檐下斗拱层层叠叠，天花虽然色彩淡褪许多，但是画面上线条依旧流畅美观，回廊前石雕木刻精巧美观，草木鱼兽纹饰布满石柱和门楼，栩栩如生。这里的古物沉默百年，但它们的故事却一直在人们的口中传颂，像康英奎的宝剑，康家祖先的碑刻，甚至厨房里的一副碗筷等。卧室更是别具一格，窗和床上的木雕纹饰精美，常常使人眼花缭乱。床对面经常放着一辆小木车，1米多高，1.5米长，据说原来的女人裹脚，行动不便，而厕所一般都在院内偏僻的地方，距离卧室较远，因此用这种小车接送小姐、姑娘们去厕所……

旅游小贴士

地理位置：河南省巩义市

最佳时节：四季皆宜

开放时间：08:00 ~ 18:30

旅游景点：明代楼院、寨上主宅区、商店区、饲养区、金谷寨等

石雕草木鱼兽的纹饰布满石柱或者门楼，栩栩如生。

院子里亭阁高耸，檐下斗拱层层叠叠，天花虽然色彩淡褪许多，但是画面上线条依旧流畅美观。

颐和园 皇家园林博物馆

佛香阁融入一派山水风光，显得更加古朴美观。

颐和园是一座古代皇家园林，位于北京西郊15千米处。据说颐和园的景致是仿照杭州西湖所布局的，因此这座位于北方的园林也充满了江南的气息，园中昆明湖、万寿山构成主体骨架，楼宇殿阁点缀其中，美丽如画，因此颐和园便有了“皇家园林博物馆”的美誉。

佛香阁是万寿山上的主体建筑，位于山腰，呈居高临下之势，八面三层四檐的外观设计营造了一种体宽量大的视觉效果。佛香阁最初是仿照杭州的六和塔建造的，但是与四周的风格不协调，故修筑到一半便改建为阁式建筑。站在佛香阁上，极目远眺，昆明湖的明媚风光尽收眼底。

佛香阁的南边就是横贯整个山麓的“长廊”，它依山傍水，如同一条彩带把各处的风景连接起来。4 座八角攒尖亭象征着春夏秋冬点缀在两侧，分别是秋水、清遥、留佳和寄澜。它还是一座丰富多彩的画廊，环顾四周每根房梁上都绘有彩画，内容极其多变，有山水花鸟，有亭台楼榭，还有古典名著《红楼梦》《三国演义》等的故事情节……一幅幅色彩斑斓的彩画，跃然廊上，绚丽迷人，没有任何一幅是相同的，这真不愧为世界上最长的画廊。漫步其间，你会为古人杰出的智慧惊叹不已。

长廊。

长廊西端是一座雕刻精美的石舫，取河清海晏之意，故名为清晏舫。整个石舫恰如其名，看起来仿佛大理石修建，实际上两层舱楼皆为木质结构。八国联军侵华时石舫被毁，后来将中式的样式改为西式风格，西洋阁楼搭配彩色玻璃窗，顶部雕刻有精巧华丽的装饰，更加美观。两层的船舫上设置有大镜，若是恰逢烟雨朦胧之时，坐于镜前，茗茶、书籍相伴，抬眼便可观雨景，想必别有一番趣味。石舫上的排水设施也非常完善，设计精巧，雨水顺着空心柱从楼顶流下，由船体四周的 4 个龙头样式的水龙头喷出，十分壮观。相传这里曾是圆净寺的放生台，每年的四月初八，乾隆都会陪其生母在此放生。

清晏舫原称石舫，取河清海晏之意，乾隆常陪其生母在此放生。

旅游小贴士

地理位置：北京市海淀区

最佳时节：四季皆宜

开放时间：旺季（4月1日至10月31日）06:30 ~ 20:00；淡季（11月1日至3月31日）07:00 ~ 19:00

旅游景点：佛香阁、长廊、清晏舫、昆明湖、玉带桥、十七孔桥等

昆明湖西望是连绵起伏的山峦，北望是成群的楼阁，湖中的西堤独具特色。西堤本是一条平常的堤岸，后来人们将其断开建成了形态各异的“西堤六桥”。其中较为有名的便是“玉带桥”，汉白玉雕刻的桥身，从远处望去好像一条玉带，洁白美丽。堤上桃柳繁密，形成了如诗如画的“六桥烟柳”。船行其上，便可见湖中岛屿风光，“南湖岛”“治镜阁岛”“藻鉴堂岛”与周围的殿阁楼宇相映成趣，极其壮丽。波光粼粼的湖水，星罗棋布的岛屿以及层叠的楼阁，其精致严密的构造让后人叹服。

十七孔桥飞跨在东堤和南湖岛之间，桥如其名，共由17个券洞组成，长150米，宽8米，是颐和园中最大的一座桥。惟妙惟肖的石狮刻于望柱之上，或嬉戏打闹，或母子相拥，无不精美传神。桥的南端刻有“修蝀凌波”4字，将十七孔桥如七色彩虹横跨碧波之上的动人形态描绘出来。桥北端的另一副对联上写：“虹卧石梁岸引长风吹不断，波回兰桨影翻明月照还望”。无论从哪个角度观看，十七孔桥皆有不同。于桥上观望，万寿山如同“蓬莱仙山”，碧波、绿树、楼阁、远山、蓝天、白云，天地风景浑然一体。于山上眺望，此时的十七孔桥优雅宁静，更加赏心悦目……

十七孔桥由17个券洞组成，长150米，宽8米，是颐和园中最大的一座桥。

圆明园 万园之园

几乎每一个来到圆明园的游人都会摇头感叹，昔日的绝世名园如今只剩一片废墟。抚摸这里的断壁残垣，依稀可见旧日的繁华样貌。圆明园是一座需要带着记忆去游览的名胜遗址。对于它曾经的壮丽惊奇，我们已经无法领略，只能在书本中寻找辉煌的证据，孟托邦在回复朗东元帅的信中说到："在我们欧洲，没有任何东西能与这样的豪华相比拟，我无法用几句话向您描绘如此壮观的景象，尤其是那么多的珍稀瑰宝使我眼花缭乱"。

这座宏伟的园林由圆明园、长春园、万春园一起组成，统称为"圆明三园"，历经雍正、乾隆、嘉庆、道光、咸丰 5 位皇帝 150 多年的建造，是我国古代园林艺术建造的巅峰作品。

残石柱因其独特的残缺美而成为圆明园的标志，这是西洋楼中大水法与远瀛观的一景。西洋楼是仿照欧式建筑风格而造，由

博物馆收藏着圆明园留下的历史文物，供人们欣赏。

旅游小贴士

地理位置：北京市海淀区

最佳时节：四季皆宜

开放时间：全天开放

旅游景点：海晏堂遗址、万花阵遗址、大水法遗址、碧桐书院遗址、杏花春馆遗址

万花阵中间的亭子。

十二生肖铜首曾经一度流失海外，如今收回一部分。

海晏堂、黄花阵、谐奇趣等组成，多采用汉白玉石的建筑材料，石面雕刻有精细的花纹，且以琉璃瓦覆顶，集当时古今中外的造园艺术之大成。西洋楼景区以人工喷泉为主，谐奇趣、海晏堂、大水法 3 处喷泉群气势宏大，构思奇特，别有趣味，其中以大水法最为壮观。从现有的记载中，我们可以看到，大水法以石龛式建筑为背景，形象酷似门洞，下边大型的狮子头喷水，形成 7 层的水帘。椭圆形菊花式的喷水池中心是 1 只铜梅花鹿，鹿角可以喷出 8 道水柱，另有 10 只铜狗屹立两旁，口吐水柱，一齐喷向鹿身，溅起一层又一层的浪花，如同群犬逐鹿，场面颇为壮观。

在西洋楼中另一处颇为有趣的地方就是万花阵，由阵墙、中式的凉亭、后花园以及碧花楼组成，数道迷阵被 1.3 米高的雕花砖墙分隔开，中心筑有一座西式凉亭，四周遍植矮松。花园门采用西洋座钟的形状，用黄铜雕刻而成，花纹繁复华丽。每逢中秋佳节，皇帝便坐在中间的凉亭中，观看宫女手持由黄色彩绸制成的莲花灯在迷宫中穿梭，一盏盏缤纷的彩灯在夜幕下东流西奔，别有一番乐趣。若是谁有幸第一个到达，皇帝就会下令奖赏，所以此阵又名“黄花阵”。黄花阵把欧洲园林的建筑风格与我国江南园林的婉约多姿、皇家园林的雍容华贵巧妙地融合为一体，给人一种和谐之美。

碧桐书院不像西洋楼那样富丽堂皇，其四周群山环绕，林木掩映，静谧悠远。梧桐在古人看来不仅是高洁、正直的品格象征，而且还可以吸引凤凰来此休憩，是祥瑞的代表。初夏时节，梧桐树开满了花，微风吹过，带来阵阵清香。到了盛夏，绿荫如盖，繁密的梧桐叶遮住了洒落的骄阳，树下一片清凉。如果身处这一方世界，你一定会觉得身心舒畅，因此在这里休闲读书最好，连乾隆也曾作：“月转风回翠影翻，雨窗尤不厌清喧。即声即色无声色，莫问倪家狮子园。”一诗来赞美碧桐书院的恬静之景。

与幽静的碧桐书院不同，杏花春馆是一派悠闲舒适的农家风光。雍正时期，杏花春馆被称为“杏花村”，取自杜牧“清明时节雨纷纷，路上行人欲断魂。借问酒家何处去，牧童遥指杏花村。”的意境。矮屋篱笆，东西交错，木榻纸窗，别致精细，瓜果蔬菜遍布馆前，一到百花盛开的春天，便有杏花漫天飞舞，好一派生机盎然的景象。

回首观望，偌大的圆明园静静地矗立在那里，每一根残石，每一块断壁都刻着历史的印记。透过这些遗迹，我们只有在想象中再现圆明园往日的辉煌。

华清池 贵妃泉宫

读起白居易的《长恨歌》，常常使人不禁为之动容，“在天愿为比翼鸟，在地愿为连理枝”是何等坚贞，“七月七日长生殿，夜半无人私语时”又是何等悲凉。古代四大美女之一的杨贵妃，有闭月羞花、倾国倾城之貌，尽管她与唐玄宗的爱情可歌可泣，但是“红颜祸水”的罪名却永远也未能洗清。位于西安市临潼区骊山脚下的华清池，也称华清宫，正是因为杨贵妃而名扬四海。

有着“天下第一泉”美誉的华清池，北与滔滔渭水相邻，南与巍巍骊山相依，内有自然形成的天然温泉。优越的地理位置和适宜的自然环境，不仅适合居住，更是吸引了历代在陕西建都的帝王在此修建离宫别苑，造就了它悠久的温泉历史和辉煌的皇家园林史。从周幽王在此建造的“骊宫”，到秦始皇的“骊山汤”，汉代武帝的“离宫”，唐太宗李世民的“汤泉宫”以及唐高宗李治的“温泉宫”，一直到唐玄宗李隆基时期的华清宫，后又因其多有温泉汤池而取名华清池，沿用至今。

杨贵妃出浴的雕像是华清池标志之一，尽显了美人风姿。

旅游小贴士

地理位置：陕西省西安市

最佳时节：3 ~ 5月和9 ~ 11月

开放时间：(旺季)07:00 ~18:00;

(淡季)07:30 ~ 18:30

旅游景点：九龙湖、飞霜殿、骊山温泉、五间厅等

华清池九龙湖也叫九龙池，占地面积 530 平方米，池中碧水澄澈。此湖分为了上下两个湖区，中间是一座横贯东西、气势非凡的九龙桥，桥上设有八龙吐水，与南岸亭榭下的大龙头共同组成了九龙，象征着至高无上的地位，所以以“九龙”命名。湖中立着一座体态丰腴的女子雕像，那便是杨贵妃。整个一幅美人出浴图，有道是“春寒赐浴华清池，温泉水滑洗凝脂；侍儿扶起娇无力，始是新承恩泽时”，引人无限遐想。在九龙湖的南岸和东岸，皆为古色古香的仿唐建筑，鳞次栉比的楼阁殿宇错落有致地分布于周围。轻风吹拂，湖水粼粼，杨柳依依，朱红色的宫宇在一片浓绿之中时隐时现，愈发赏心悦目。

飞霜殿是唐代玄宗时期重要的寝殿，是皇帝和宠爱妃子居住的地方，红墙绿瓦，檐角如翼，气势凛然，这是他们共同的爱屋。之所以称其飞霜殿，是因为每当隆冬之际，大雪纷飞，漫天的雪花在一阵飘摇之后还没有来得及落地就已经被蒸腾的温泉热气融化成了霜。如今的飞霜殿没有了那般尊贵的身份，但依然是华清池接待重要来宾的场所。

飞霜殿。

骊山是一个死火山，地下水自然形成了温泉，华清池的温泉水便来自骊山，水质纯净、细腻柔滑，且温度常年保持在 43℃，有“天下第一御泉”之称，且历经岁月沧桑、风云巨变，仍涓涓不息，堪为骊山一绝。在这些浴池中，最具有代表性的便是唐玄宗专用的“莲花汤”和杨贵妃沐浴所用的“海棠汤”。杨贵妃专用的海棠汤，池如其名，设计十分精巧，弧形的水池边缘连成一体，构成了一朵绽放的海棠花的形状，池中央的莲花喷头恰似花蕊，栩栩如生。这并非一般的浴池，而是唐玄宗送给杨玉环的爱情信物，池中泉水涌出之时，水花四溅，蒸烟袅袅，似云似雾，如同仙境。莲花池是唐玄宗专用的沐浴池，是整个华清池沐浴池中最为庞大的，被称为“御汤九龙店”，其面积为海棠汤的 6 倍，既可沐浴又可游泳，由此可见皇家的奢侈与皇帝至高无上的威严。莲花池的池底设计的是双莲花的底座，并蒂莲象征着唐玄宗与杨贵妃美丽动人的爱情。除此之外，还有唐太宗沐浴的星辰汤和尚食汤，都各具特色，也是研究汤浴历史文化的重要材料。

“西安事变”的发生地——五间厅。

沿着环园的荷花池西岸行走，便可看到一座砖木结构的厅房，那便是著名的五间厅，中国近代震惊中外的“西安事变”便是发生于此。“西安事变”是张学良、杨虎城两位将军为了促蒋抗日救国，放弃内战而发动的。在五间厅的内部依稀可见斑斑的弹痕，它提醒着我们要永远铭记这一伟大的时刻。

北海公园 仙山琼阁

北海公园与中海、南海合称为三海，其位于北京市中心，原为辽、金、元的离宫，到明、清时成为帝王的御园，这座历史悠久的皇家园林内有气势恢宏的亭台楼阁和山石湖水，布局巧妙是具有综合性和代表性的皇家园林之一。在 1925 年北海公园对外开放，是北京新十六景之一。

⊙ 团城风景。

作为一座拥有千年历史的皇家园林，北海公园经历了相当长时间的修建改造才有了如今的规模。它曾经辉煌过，也曾凋零过，经历了朝代的更替和风风雨雨的洗礼，北海公园带着历史的印记向我们走来。相传秦始皇统一六国之后，为求得长生不老，命令徐福带领数千童男童女渡海寻求蓬莱、瀛洲、方丈 3 座仙山。此后的许多帝王都为求永寿而在宫殿附近仿造仙山，修建“一池三山”，北海也是按照这个神话修建的。在北海公园之中太液池为北海、中海和南海，蓬莱为琼华岛，瀛洲为团城，方丈为中南犀山，浓厚的环境色彩，不愧为“仙山琼阁”。

⊙ 白塔上雕刻的日、月以及火焰花纹，十分美观，象征日月光辉永照大地。

琼华岛上，尖尖的白塔秀丽挺拔，四周绿荫环绕，在蓝天白云下更添庄严肃穆之感。层层叠叠的亭台楼阁使白塔不断升华成为北海辉煌壮丽的顶点，以巍峨壮美的造型和主宰全园的气势成为北海的象征。白塔上雕刻的日、月以及火焰花纹，象征日月光辉永照大地，肃穆之中又多了一些亲和力。

除却白塔，北海的北岸还有许多的宗教建筑，如小西天、大西天、阐福寺以及西天梵境等，更有象征尊贵、威严的九龙壁。

龙是中华民族精神的象征，寓意着升腾、发达、吉祥如意。北海的九龙壁是我国现存的3座古代九龙壁之一，也是唯一的一座双面壁。壁的两面皆是七色琉璃瓦，各有9条造型生动的大蟠龙，在云雾之间翻腾嬉戏，暗藏着皇权和天子的尊贵气势，5.96米的高度和25.52米的长度使这座影壁显得霸气十足，由此可见古代琉璃建筑艺术的博大精深。

在北海园内，茂密的树木随处可见，微风吹过仿佛一片绿色的波浪，沙沙的响动声更衬得北海幽静异常。这里有着北京城最为古老的栝子松和有着数百年历史的“白袍将军”白皮松以及名为“探海侯”的探海松，历史的更替没有使它们凋零，反而愈加挺拔。西府海棠繁花似锦，更是好看。春夏之交的海棠俏丽于风中似亭亭玉立的少女，娇艳动人，红的、粉的花朵相互交织，在浓绿树叶的衬托下尤为夺目，“朱栏明媚照黄塘，芳树交加枕短墙”正是对海棠花的生动写照。

眼前的蓝天碧波，绿树红墙，让人耳边不觉响起那首童年的歌谣：“让我们荡起双桨，小船儿推开波浪，海面倒映着美丽的白塔，四面环绕着绿树红墙……”北方园林的疏阔大气与南方园林的婉转多姿相互交织形成了北海独特的风景。

旅游小贴士

地理位置：北京市中心区

最佳时节：四季皆宜

开放时间：全天开放

旅游景点：琼华岛、团城景区、北海白塔等

象征尊贵与威严的九龙壁。

蓝天碧波、绿树红墙的北海公园美景。

承德避暑山庄 避暑胜地

昔日帝王家的承德避暑山庄，如今寻常百姓也可以自由出入，那个人民备受压迫的时代早已不在，历史在此继续传承。看着园中建筑的布局与构造，可谓是匠心独具，这些保存完好的历史遗存，为后人诉说的是一个末代王朝的伟大技艺，因此避暑山庄的山水才有了永不枯竭的神韵。

承德避暑山庄没有想象中的金碧辉煌，威严的皇家建筑中多了些许的朴素和淡雅。青砖素瓦的建筑与四周的山水相依，浑然天成，既有北方的阔达之美，又有江南水乡的柔美，二者相互结合，形成了承德避暑山庄山园相融的美妙景色。

承德避暑山庄的建筑既有规模宏大的皇家园林，又有庄重典雅的皇家建筑和肃穆的皇家寺庙群，主要分为供休闲、游玩的苑景区和居住、活动的宫殿区。苑景区的建筑布局是按照平原和山地划分的，同时还包括以湖为中心的景观。这些宫室与周围的自然景色融合为一体，依照地势而建，三三两两点缀其间，营造回归自然之势。

由林木和草地组成的平原区。

郁郁葱葱的林木和广阔的草地组成了平原区的美丽风景，其位于承德避暑山庄的北面。清朝的祖先们是在马背上得到的天下，所以他们很重视子孙们的骑射功夫，皇帝也经常在这里的草地上举行赛马活动。在林地中曾经还有万树园，皇帝在这里召见过外国使臣、政教首领以及少数民族的王室贵族，但今日的万树园只剩下了遗址，尤为可惜。

普宁寺是我国北方藏传佛教寺庙中的翘楚。

山区的建筑则多以寺庙为主。普乐寺、博善寺等寺庙错落有致地分布在山峦沟壑中。当时的清朝统治者为了安抚少数民族，在这里修建喇嘛寺庙以巩固统治。极具民族风格的寺庙在这里很常见，其中最具代表性的就是普宁寺。普宁寺是一座汉族传统宗教与藏传佛教相结合的寺庙，因宏大的规模而成为我国北方藏传佛教寺庙中的翘楚。寺庙中供奉的千手观音，壮观而又威严，吸引了无数的游客来此观赏。永佑寺舍利塔位于万树园的东北侧，是乾隆游杭州六和塔和南京报恩寺时感叹它们的玲珑秀美，因而仿此两塔建造。此塔呈八角密檐，塔内部有许多精致生动的雕刻和绚丽多彩的壁画，琉璃建造的檐斗和梁枋，还有铜铸的塔尖，令人叹服。

永佑寺舍利塔又称六和塔，挺拔秀丽，是避暑山庄的胜景之一。

水心榭。

澹泊敬诚殿内金碧辉煌，皇家的富贵充分展现。

湖区中有8处湖泊，其中西湖、镜湖、银湖和半月湖等统称为赛湖，建筑风格也几乎都是仿照江南的名胜。这些建筑采用传统的园林建造方法，与四周的岛屿、堤岸、湖水巧妙结合，营造犬牙交错的水乡风情。如较为有名的烟雨楼、水心榭等，其中烟雨楼因杜牧的“南朝四百八十寺，多少楼台烟雨中”而得名。楼前有门殿，后有两层楼檐，楼的东边是青阳书屋，古代皇帝在这里读书和写字。登高凭栏眺望，四周美景尽收眼底。每逢夏秋时节，湖中荷花竞相开放，从远处望去，湖面烟雾缭绕，美不胜收。乾隆曾作“最宜雨态烟容处，无碍天高地广文。却胜南巡凭赏者，平湖风递芍荷香”一诗赞美其秀美的景色。银湖和下湖之间是水心榭，湖面横跨桥梁，桥上建有3座亭榭，四面皆可观望，自成一景，颇有“飞角高骞，虚檐洞朗，上下天光，影落空际”的意境。

宫殿区的建筑设计没有按照皇家一贯的流光溢彩，而是融合了北方的宏大和南方的秀美，注重舒适和简约。这里除了是皇帝居住、休息的地方，还是处理朝政的地方，主要分为“前殿”和“后寝”。主殿名为澹泊敬诚，因大殿采用极其珍贵的楠木修建而成，微风掠过，常有阵阵的清香，若是有琴音相伴，定会让人沉醉其中，故也叫楠木殿。殿中的每一处都极尽奢华，象牙屏风、白羽刺绣等，简直让人眼花缭乱，目不暇接。烟波致爽殿是皇帝的寝宫，早上的时候后妃会在这里向皇帝请安，西面是佛堂，东边为议事厅。在这里夏天酷暑之时，清凉舒爽，夜晚也不会觉得潮湿寒冷。康熙曾赞“四围秀岭，十里平湖，致有爽气”，于是便为之题名“烟波致爽殿”，后世的帝王均以此为寝宫。

承德避暑山庄就像一汪清泉，潺潺流动在夏日燥热的城市之中，把大千世界的山水佳境的静谧、清幽和温润送给奔波忙碌而无暇停留的人们。要是你有时间了，不妨带上家人一起去园中漫步，共享这份温馨与幸福。

旅游小贴士

地理位置： 河北省承德市

最佳时节： 夏秋季

开放时间： 旺季（4月1日至10月31日）07:00 ~ 18:00；淡季（11月1日至次3月31日）08:00 ~ 17:30

最佳美景： 苑景区、宫殿区

大观园 红楼胜景

说起大观园，人们都会想到《红楼梦》，想起那些水做的姑娘，想起她们在红尘中演绎的悲欢离合。尽管曹雪芹戏谑自己“一把辛酸泪，满纸荒唐言”，但却一笔一笔写尽了世态炎凉和悲欢离合。《红楼梦》作为我国古典文学的巅峰之作，一直都是人们津津乐道的话题，其中的大观园更是妇孺皆知，自从87版的《红楼梦》播放之后，北京西城区的“大观园”便吸引了无数的游客。

经过红学、民俗学等多领域的专家的多年努力，直到1984年，“大观园”终于在北京西城区南菜园护城河畔开始破土修建，1989年实现全面开放。整座园子分成4大部分，即庭园景区、自然景区、佛寺景区、殿宇景区，大小景点共计40多处。其中最令人向往的景点有怡红院、潇湘馆、蘅芜院、省亲别墅、秋爽

门楼矗立，十分气派。

旅游小贴士

地理位置：北京市西城区

最佳时节：四季皆宜

开放时间：07:30 ~ 17:30

旅游景点：怡红院、潇湘馆、蘅芜苑、稻香村、秋爽斋

斋、稻香村、栊翠庵等，院中处处赏心悦目，引人入胜。江南园林和帝王苑囿的景致，在大观园里都可以看到，再加上浓郁的文学气息，常常使人流连忘返。

据《红楼梦》记载，贾府为迎接元春回家省亲，因此建造了大观园。后来元春又将其赐给贾宝玉等人居住，所以园中景区常会定期举办“元妃省亲”的古装表演，更有身临其境的感觉。走进大观园，怡红院、潇湘馆、蘅芜院这 3 处是人们必去的景点，怡红院里的贾宝玉，潇湘馆里的林黛玉，还有蘅芜苑里的薛宝钗最令人牵肠挂肚。

贾宝玉一直是个备受争议的角色，书上写他“天下无能第一，古今不肖无双”，实为一个混世魔王，或者登徒浪子，但也有人为其鸣不平，认为他平等待人，尊重个性，更是“博爱劳心”的情种，毁誉参半，难以评说对错。怡红院作为大观园里最豪华的一处院落，与贾宝玉重要的身份正好匹配，借刘姥姥二进荣国府，《红楼梦》将怡红院的富丽堂皇和雍容华贵慢慢展露在了世人眼前，室内奇珍异宝无数，雕花桌椅床等陈设精美绝伦，还有熏香沁人心脾，令人叹为观止。门内高挂“青埂神瑛”匾额，“神瑛使者”与神话相合，“青埂”谐音“情根”，冥冥之中，隐隐所指宝玉的痴情。庭院里海棠红透，芭蕉成荫，清幽宁静，一派祥和，可怜一棵 500 年的罗汉松略带凝重，仿佛这就是贾宝玉遁入空门的预兆。

怡红院是贾宝玉的住所，《红楼梦》里许多故事都发生在这里。

“一年三百六十日，风刀霜剑严相逼”，一首《葬花吟》，一座潇湘馆，保存着林黛玉最深刻的记忆。陈晓旭饰演的林黛玉早已深入人心，娇弱痴情，多愁善感，又才华横溢，诗意绵绵，令人倾慕怜爱。潇湘馆中假山兀立，清泉汩汩，深处竹林密密，又有梨花和芭蕉点缀，清幽静谧，充满了素雅之气。沿着回廊漫步，移步易景，妙趣横生，然而林黛玉的悲剧故事总是会令人生出些许伤感之情。

翠竹掩映中的潇湘馆。

作为红楼梦中的另一主角，薛宝钗和林黛玉截然相反，她气度不凡，不愧为名门闺秀，一身才情又更是出类拔萃，可惜心怀鸿志，却被女子之身所累。据书上所讲，薛宝钗居住的蘅芜苑布置精美，各种香草仙藤绕山穿廊，给院子蒙上了一层青绿。房中书案纸笔齐备，常有一阵墨香萦绕，足可见薛宝钗有爱读书的习惯，甚至连刘姥姥初入蘅芜苑时，还以为闯进了哪位公子的书斋呢。如今房间里设置了许多人物蜡像，仿佛那些书中的情节又一次出现在眼前。

省亲别墅、秋爽斋、稻香村、栊翠庵等更多的景点虽然未能提及，但是同样值得一看。《红楼梦》研究不透，这大观园自然也游玩不尽。

稻香村。

豫园 东南名园之冠

豫园坐落在上海市中心的闹市深处，却保持着古朴、典雅的气质。这是一座始建于 1559 年嘉靖时期的古老园林，园内假山池水、古木花草、亭台楼阁清幽秀丽，别具风韵，布局尤为精巧细腻，极具江南园林的风格，被誉为“江南园林中的一颗明珠”。

作为一座有着 450 多年历史的园林，豫园早期是一座私人园林，由明朝的刑部尚书潘恩之子潘允端购买建园，此后历经 50 多年，耗尽巨万家财直至万历末年竣工。自此以后，园内亭

豫园一景。

⊙ 豫园假山、亭阁随处可见，其中大假山尤为壮观。

台楼阁错落有致，廊阁曲径回环相连，花草树木巧妙分置，假山怪石峥嵘嶙峋，湖光池水清澈潋滟，古色古香的建筑在花树古木的掩映下显得小巧玲珑、风光旖旎、清新明丽。规模宏大、景色秀美的豫园因“陆具岭涧洞壑之胜，水极岛滩梁渡之趣”而被认为是和苏州拙政园、太仓弇山园媲美的“东南名园之冠”。

豫园门口巨石上，有江泽民为纪念豫园建园 440 年而书写的“海上名园”，字字清新。园内三穗堂气势雄伟、宽敞明亮，因清代中叶这里曾为豆米业公所议事、定标准斛的场所，故名称取意于“禾生三穗，乃丰收之征兆”。三穗堂是豫园最高大的厅堂，为歇山式建筑，堂内有 5 间大厅，屋宇敞阔。堂前有大湖，湖水澄澈明净，两侧桧柏葱郁，景致悠远静雅，令人赏心悦目。

豫园假山、亭阁随处可见，其中大假山尤为壮观。假山是豫园最具代表性的景色之一，由明代著名叠石名家张南阳精心设计建造，是江南地区现存最古老、最精美的黄石假山。假山峰峦起伏，峥嵘嶙峋，涧壑间清泉如注，山上花木葱茏，山下池水泱泱。近处细看，仿佛一座巍峨的峻峰。在豫园 450 多年的沧桑岁月中，

⊙ 三穗堂。

唯有这座不是真山却胜似真山的大假山，不改其容，安静淡然地守在园中。

园内景致相连，廊廊互通，步移景异。萃秀堂位于大假山东北峭壁下，结构玲珑精粹，堂前的假山峰峦林立，花木茵茵，步入其中，一股幽静俊雅之气迎面而来。跨过溪流，来到鱼乐榭，由名可知，这是一处观赏水中游鱼之所。溪水从墙下半门洞中流出，五彩缤纷的游鱼畅游其中，很是惬意，若是投入些鱼饵，鱼群便会争相抢夺。辞别游鱼，走上迂回复折的长廊，中间有一方亭，上有匾额“会心不远”，取自《世说新语》中的“会心处不必在远，翳然林木，便有濠濮间想，觉鸟兽禽鱼自来亲人”。信步漫游，两宜轩、点春堂、和煦堂、玉玲珑、玉华堂等各个盛景尽收眼中，美不胜收。每年的上元之夜，豫园元宵灯都会异彩纷呈，大街小巷上群灯似海，各式各样的花灯琳琅满目，一片火树银花，若是从上空俯瞰，犹如灯火如昼的仙市，异常璀璨。

上海这样的大都市里能有豫园这样景色绝佳的“城市山林”实属不易，能够继续保持本有的特色更是豫园最大的亮点。上海快节奏的生活让人们总是忙于奔波，能有豫园这样一处艺术与文化的胜景来放松心情，可谓是完美的补充。

旅游小贴士

地理位置：上海市黄浦区

最佳时节：3 ~ 5月

开放时间：09:00 ~ 17:00

旅游景点：三穗堂、黄石假山、萃秀堂、两宜轩、点春堂、玉华堂等

玉华堂清新素雅，充满了静谧的氛围。

个园 扬州明珠

作为我国古典园林，位于江苏省扬州市的个园历史悠久，保存完整，艺术价值极高，是一处难得的人文艺术殿堂。自古以来，扬州就是水乡里的一颗明珠，各类风景名胜不胜枚举。个园位列其中，独秀一枝，别具风韵，引得来此游览的人们常常称赞不绝。

院落里树木青翠，流水潺潺，或有亭子和假山等设置，丰富多彩。

个园属于私宅，其主人是清代嘉庆年间的黄至筠，他曾掌管两淮的盐业，是江淮一带有名的富商。提到个园的名字由来，同样妙趣横生，园主黄至筠的名字中的“筠”字指的就是竹子，古来雅士宁可死无肉，不可居无竹，这位先生也一样，“月映竹成千个字”，竹叶之形与“个”字相像，所以才有“个园”之称。

置身个园中，竹石演绎出的四季变化使人叹为观止。竹林幽境常常是高雅人士的追求，个园中的竹林配合假山的布局，相互映衬，相得益彰，诗情画意皆在其中。风吹竹林，青翠的绿影层层叠叠，充满了灵动活泼的气息，假山造型千变万化，岿然不动，表现了凝重庄严的品质，两者一动一静，动静结合，使得个园更加引人入胜。

古诗云“春色满园关不住”，个园中的春景同样生机盎然。高墙围绕，藏起来了园中的春色，修竹密密簇拥，挺拔笔直，苍翠欲滴，林中绿石上青苔油亮，竹笋破土而出，枝叶带露，“春山”美景图缓缓结束。当你意犹未尽的时候，不禁会有所领悟，“一年之计在于春”，然而春天又何其短暂，所以应当“惜春”，用心鉴赏其中的人生意味。

仲夏时节是最热烈的时候，个园抱山楼西边的夏山便采用了太湖石为主体，其青灰相间的色泽，配上起伏不平的外形，相互叠放的姿态，将夏景中的变幻无常淋漓尽致地表现在世人面前。步入夏山，只觉得心旷神怡，幽静清爽，暑气消减无余。仰望山上，古柏老松虬根盘绕，郁郁葱葱，林间沟壑洞窟串联，别有天地，幽深处泉声叮咚，小池清澈如明镜，游鱼可见，悠然自在，无拘无束。

抱山楼长廊深入个园东部，此处春夏的气象将被秋色代替，据说个园的秋山乃是由石涛设计，所以来此游览的人们将欣赏到这位清代名家的立体画卷了。个园秋景部分则取黄山石做假山，利用其粗犷嶙峋的特质，营造出挺拔秀丽的景致。秋山分成3座，由中向西南两侧伸展，山上3条磴道穿行在怪石古木之间，沿路可见飞桥跨越深谷，石洞内腹地宽敞，石桌椅陈列，聊有闲趣。峰顶上常常能够看到秋色中的晚霞夕照，更是让人陶醉。

南墙下的一片雪白，展示出个园冬季之美。宣石雪白，又名雪石，很像刚下的初雪，洁白无瑕，所以冬山给人的第一印象就是寒冷和圣洁。雪山之景最宜居住，就像白居易《问刘十九》里写到的“绿蚁新醅酒，红泥小火炉。晚来天欲雪，能饮一杯无”，悠然闲适，心情畅然，南墙上的二十四孔风音洞最为应景，巷口来风呼呼作响，冬天的“模样”就更加逼真传神了。

从小窗内窥看春山，只露出冰山一角，妙趣横生，四时之景在此又是一个新的轮回，正如大自然周而复始的演绎，春夏秋冬，生生不息，“壶天自春”之意就在这里。扬州个园不仅是人文艺术的结晶，同样也是传统园林给予后人最美的馈赠。

旅游小贴士

地理位置：江苏省扬州市

最佳时节：四季皆宜

开放时间：08:00 ~ 16:30

旅游景点：东关街、湖石假山、竹林

以青灰相间的太湖石为主体的夏山。

秋山。

苏州园林 园林之典范

“画廊金粉半零星，池馆苍苔一片青。踏草怕泥新绣袜，惜花疼煞小金铃”这种清新明丽的意境似乎专为苏州园林所写，也似乎只有在苏州园林才会产生。苏州的园林就像江南水乡里的小家碧玉，一颦一笑，一动一静间都散发着温柔的美。苏州的园林也好似一幅山水画，青山秀水，曲径通幽。小巧玲珑的假山与精致秀美的亭台楼阁错落有致，虽没有皇家园林的气派，却也精巧别致，美不胜收。

每逢夏天，苏州园林莲花池中千朵荷花竞相绽放，美不胜收。

作为园林之乡，苏州拥有狮子林、拙政园、沧浪亭、网师园、留园、耦园、环秀山庄等诸多园林。这些园林在苏州园林风格的基础上各具特色，展示着园林主人别样的情怀。比起北方建筑的色彩浓厚、简单质朴、开朗大度的风格，苏州园林建筑色彩淡雅，灵巧秀丽，在细节之处尽显典雅精致，富丽堂皇。

苏州的园林贴近自然，绿树茵茵，繁花似锦，假山流水如明珠点缀。苏州园林更是超脱自然，精巧雅致的亭台楼阁，技艺精湛的雕刻，每一处都显露着苏州园林的高雅和风韵。苏州园林之所以能够拥有悠远的意境，是因为它和苏州深厚的文化底蕴紧密相连。

苏州园林素有移步换景之说，走进留园便体会到这种建造风格。古木交柯的小院内绿树红花，莺声燕语，一派热情似火的景象。而在一墙之隔的花布小筑却是出奇的素净，水池居中，怪石嶙峋的假山在侧，弯弯曲曲的回廊环绕碧水，青瓦白墙上紫藤攀附。不远处的闻木樨香轩内遍植桂树，到了深秋季节桂花盛开，香飘四溢。

有人说苏州园林是高雅人才能欣赏的地方，虽然不是很赞同，但确实有这种意味。坐落在小新桥巷的耦园鲜为人知，却饱含丰富的文化意境。耦园内多书画楹联，“东园载酒西园醉，南浔寻花北陌归”“卧石听涛满衫松色，开门看雨一片蕉声”等清新明丽的词语诉说着园林的恬静淡雅，若是不能领略这些诗意的楹联，那么就不能完全欣赏到苏州园林的独特之处。

著名园林与古建筑学家陈从周先生认为网师园是“苏州园林极则”，这座园子虽小却内藏丰富。网师园的主景月到风来亭极其著名，经常出现在许多苏绣的图案中，是取意于“涓涓流水细浸阶，凿个池儿招个月儿来，画栋频摇动，荷蕖尽倒开”。网师园是苏州园林中最为精致的一个，从每一个细节都可见园林主人的精心雕琢，就连用卵石铺就的幽径都是精美到了极致。

环秀山庄是我国拥有假山最多的园林，假山林立，溪水潺潺，风光无限。园林内的假山是园林景色的一大精华，由清代杰出的叠山大师戈裕良建造，这些人造的假山巧夺天工，精妙绝伦，浑然天成，堪称假山之珍，山庄亦因此而驰名中外。假山虽然占地面积不过600多平方米，然而就在这咫尺之间，陡壁峭崖、峰峦怪石林立，幽谷、洞壑、蹬道等应有尽有，比之真山亦不为过，环山而视，景色变化无穷，常使人目不暇接。主山位于水池东面，次山则位于池北，碧水环绕，绿树掩映。置身其间，如身处万山之中，仔细看那些石和缝，精细自然，浑然天成，故有“独步江南”之誉。

历史文化名城也好，美景之地也好，苏州都可堪当殊荣，而苏州园林无疑是其中最重要的一项。那精巧细腻的园林犹如娇小灵秀的女子，身着长裙，长发飘逸，带着温婉的微笑，不免让人心生爱怜。只身进入这园林的秀美之中，仿佛身心都得到滋润，变得温柔多情。

旅游小贴士

地理位置：江苏省苏州市

最佳时节：夏季

开放时间：07:30 ~ 17:00

最佳美景：狮子林、拙政园、沧浪亭、网师园、留园、耦园、环秀山庄

饱含文化意境的耦园。

网师园景色。

园林设置假山，使得园中地势出现起伏，与水池相配，形成人工建造的山水景色。

第二章

寺观教堂类建筑

雍和宫 皇家庙宇

雍亲王府即后来的雍和宫，是雍正皇帝登基之前的住所，宫阙楼堂，金碧辉煌。乾隆继位后，将雍和宫改成了喇嘛庙，进而成为一座清朝的皇家寺院，蔚为壮观。然而时过境迁，沧桑的历史宛如一道纱幔，将雍和宫安静地掩藏在了都市之中，显得独特而神秘。从寺院对外开放以来，这座带着清朝贵族气息，又藏着风云变幻的庙宇，重新走进了世人的眼中。

⬆ 这尊弥勒佛像位于雍和门内，笑容可掬。

作为北京最大的藏传佛教寺院，雍和宫主要由天王殿、永佑殿、雍和宫大殿、法轮殿、万福阁等主要殿宇组成，另外还包括“四学殿”和东西配殿，集聚了满、汉、藏、蒙等多民族特色，巍峨壮观，呈现出正殿高大、重院深藏的建筑效果。这些殿阁里保存着大量的珍贵文物，其中“木雕三绝”即紫檀木雕刻的罗汉山、金丝楠木雕刻的佛龛和檀香木大佛，是雍和宫的一大特色。3 座高大的牌楼、一对石狮和一座大影壁屹立在雍和宫的南院，十分壮观。转过牌楼还有一条被称为辇道的绿荫甬道。在鼓楼的旁边有一口大铜锅，相当引人注目，相传这是雍和宫举行腊八盛典时专门用此锅熬制腊八粥，以庆丰收。

“雍和门”3 个字是乾隆皇帝亲手书写，前后是两座碑亭，生动逼真的青铜狮子矗立在殿前，殿内正中央一位憨态可掬的弥勒佛坐在金漆雕龙宝座上，大殿两侧还有脚踏鬼怪的四大天王，泥金彩塑，气势威武。弥勒佛像后面是身穿盔甲的护法神将韦陀，全身流光溢彩，颇为精致。

雍和宫大殿中面目祥和的三世佛像位于高台上，这些佛像高达两米，左为东方世界药师佛，右为西方世界阿弥陀佛，还有一尊是婆娑世界的释迦牟尼佛。大殿的四周还供奉着观世音、十八罗汉等佛像。

法轮殿结合了汉藏文化，天窗式的暗楼、铜质鎏金的宝塔都体现了浓厚的藏族传统文化。大殿的正中央是一尊面含微笑的古

旅游小贴士

地理位置： 北京市东城区

最佳时节： 四季皆宜

开放时间： (4月1日至10月31日)09:00 ~ 16:30；(11 月1 日至次年 3 月 31 日)09:00 ~ 16:00

旅游景点： 雍和门、雍和宫大殿、法轮殿、万福阁

黄色琉璃瓦覆顶的法轮殿。

⊙ 雍和门前的狮子是由青铜铸就而成，形象栩栩如生。

佛，高达6米，是藏传佛教的创始人宗喀巴大师。宗喀巴的佛像后面便是由紫檀木雕刻的五百罗汉山，或静坐打禅，或三三两两聚集在一处，人物形象栩栩如生，展现了我国古代高超的雕刻技艺，具有很高的艺术价值。

万福阁巍然宏伟，左右各设有配殿，中间以飞廊相连，重檐三层，宛如仙宫楼阙，檀木大佛便位于其间。整个佛像高26米，18米露在地面，剩下8米深埋地下，佛像由白檀木雕刻而成，重达百吨。佛像双目圆睁，上身裸露臂膀，下身着有长裙，身披璎珞等饰物，整个气度雍容华贵。其雕刻之精细，装饰之华美，无不体现着木雕艺术的精髓。另外一处木雕是万福阁前的照佛楼内的金丝楠木佛龛，以透雕手法雕刻而成，99条云龙各具特色，惟妙惟肖的形象，精湛圆熟的技法，令人为之惊叹。

皇室的端庄华丽，寺庙的祥和肃穆，雍和宫的气质是其他寺庙所不具备的。当你走在雍和宫的院内，静静地看着每一座宫殿，每一尊佛像，每一棵老树，一切都将凝固在楼阁之间，仿佛来往的风会带你回到从前。

⊙ 巍然宏伟的万福阁。

潭柘寺 燕都华严宗立宗之地

作为北京最古老的寺院，今天的潭柘寺，从西晋永嘉年间建立的“嘉福寺”算起，已经有1700多年历史了。民间素有“先有潭柘寺，后有北京城”一说，也足以说明潭柘寺的古老。回首沧桑，往事如烟，曾经的一切都已远去，留下的故事依然还在传颂。这座寺院从未被遗忘过，由于地靠京都，受到了历代帝王的青睐，清朝最盛。康熙曾为潭柘寺赐名“岫云寺”，还为震寰和尚题诗：“法像俨然参涅槃，皆因大梦住山间。若非明锦当合法，笑指真圆并戒坛”。此外雍正的《潭柘寺》、乾隆的《猗亭小诗》、嘉庆的《初游潭柘岫云寺作》都能够说明这点。

院落中古木幽深，十分宁静。

旅游小贴士

地理位置：北京市门头沟区

最佳时节：四季皆宜

开放时间：08:20 ~ 16:30

旅游景点：平原红叶、九龙戏珠、千峰拱翠、殿阁南薰

潭柘寺依山而建，殿堂错落有致，鼎盛时期，寺中房屋有999间半，宛如北京故宫的缩影，一时香客云集，场面宏大。据北京门头沟的老人们讲述，关于潭柘寺的起源，有一个传说。话说当年高僧华严和尚，想在幽州开山立宗，于是拜访都督张仁愿，商求建寺之地，张仁愿答应了，但是华严祖师想要的地方在潭柘山嘉福寺附近，属于姜姓和刘姓地主，两人吝啬，可见祖师却说只要一毯之地，便答应了。结果华严祖师将布毯抛向空中，布毯越变越大，盖住了几座大山，两人目瞪口呆，连忙喊停，一看乃是真佛降世，心悦诚服，于是华严祖师就在嘉福寺的基础上重建庙宇。鉴于这个故事，它一直被称作“毯遮寺”。又因寺院后山有两股丰盛的泉水汇入龙潭，水流绕行寺院，山上柘树繁盛，慢慢地就演变成了“潭柘寺”。

寺庙地处深山，林木茂密，往返十分不便，为此朝拜者开辟了许多条古香道，有名的比如从卢沟桥，过长辛店、石佛村，翻罗睺岭至潭柘寺的“芦潭古道”；从石景山过永定河，经卧龙岗，越罗睺岭抵达潭柘寺的“庞潭古道”；出门头沟永定镇，经何各庄，翻过红庙岭，由桑峪到达潭柘寺的“新潭古道”等。条条古道通向深山里潭柘寺，当你也踏上此程，不知能否感受到那一路的赤诚？

玉兰花素雅清淡，香远益清，使古寺的气韵更加浓厚。

按照潭柘寺的布局来看，沿山门一路为中轴，之后天王殿、大雄宝殿、斋堂和毗卢阁依次排开，东边是方丈院、延清阁、行宫院、万寿宫和太后宫，西边是戒台和观音殿等，三路保持平行。院落中林木葱郁，亭台兀立，石碑处处点缀，像一枚枚夹在卷中的书签，镌刻着时间的记忆，还有71座砖塔或石塔构成的塔林，庄严肃穆，受人瞻仰。

天王殿殿前设有一口宝锅，据说是和尚们做饭所用，煮粥时一次能放入10石米，熬个通宵才能煮熟，使人惊叹不已。殿中弥勒像正坐，背面是韦驮菩萨，高大的四大天王屹立两侧，正义凛然。大殿两边是钟鼓楼，后为大雄宝殿，抬头仰望，只见琉璃瓦耀眼夺目，光芒四射。正脊两端各有碧绿的鸱吻，在阳光的映照下，仿佛活动的神兽。重檐庑殿顶，檐梢微微上翘，各种祥瑞装饰依次展开，金光闪闪，令人眼花缭乱。步入殿内，佛祖塑像在香烟中显出模样，神态安详，“阿难”“伽叶”侍奉左右，心志虔诚。中轴线终点一直到毗卢阁，站在此处，寺庙和远山美景都可尽收眼底。

四周林木葱郁，塔身古朴，潭柘寺历代圆寂的大师们就安置在塔中。

东西路两边的建筑和景致也十分美丽，幽静闲适，心旷神怡。其中龙王殿的石鱼，常常令游客称奇，一时名声大噪，除此之外，寺中的玉兰花自然也不能错过，还有“潭柘十景”，都值得一览。

云居寺 北京的“敦煌”

坐落在北京市房山区的云居寺是我国北方有名的古寺，相传其为高僧静琬始建于隋朝时期，初名为“智泉寺”，之后改成“云居寺”，如今已历经千年岁月，依旧巍然矗立，享受四方朝拜，香火不息，源远流长。除了天下闻名的佛祖舍利，云居寺的“三绝”同样声名远播，据说唐代的《开元大藏经》和辽代的《契丹藏》原本虽早已遗失，然而寺中依然保留着它们的石刻经文，可谓意义重大，研究价值极高。

云居寺的建筑依山而建，山门位于台阶高处，宏伟壮丽。

佛祖舍利属于镇寺之宝，现供奉在大殿之中的小塔内。

云居寺的建筑依山而建，宏伟壮丽。初入寺庙，可见阁楼林立，精美的屋顶，巧妙的重檐，青色的瓦，朱红的柱，不禁使人惊叹。苍翠的松柏密铺其中，树下隐藏着连通前后殿堂和院落的石阶，蜿蜒伸展。香炉里飘出的青烟浮在楼阁和树木之间，古寺越发显得寂静。透过树枝，远眺冲出绿影的高塔，更加清秀迷人。

到云居寺看佛祖舍利，这是每一位来客的心愿，传说佛祖释迦牟尼遗体焚化后，结成了类如珠状的物体，佛家称之为舍利，拥有舍利的寺庙便有佛祖的护佑，然而并不是所有的寺院都能获得，因此佛祖舍利就显得尤为珍贵。在我国供奉舍利的地方并不多，除了中国北京八大处的佛牙、陕西西安法门寺的佛指，就数云居寺的两颗赤色肉舍利了，然而这“海内三宝”之中，独有云居寺的舍利是世界上唯一珍藏于洞窟，而非供奉在塔中，实为罕见。云居寺备受推崇，闻名遐迩的原因，由此可见一斑。

云居寺地标——南塔。

如今佛祖舍利已经被盛放在了殿堂之中，受后人瞻仰。院落中古木苍郁，衬着高阁，气势恢宏，飞檐平阔外展，屋脊上鸱吻相对，青瓦如鱼鳞密密合扣，线条流畅美观。殿前开阔，大理石围栏横绕，一排石阶，层层升入殿门口，雕梁画栋，斗拱天花，格外醒目。双柱上对联金字放光，横额匾“佛祖舍利”4个大字从右向左铺开，匾额下面绣有腾龙图案的帷幔高挂。进入堂内，玲珑石塔坐落正中，佛祖舍利就放在里面，这里的香火常年不断，来此参拜瞻仰、祈福还愿的人们不计其数。

云居寺的“三绝”同样备受世人瞩目。当你进入了云居寺的石经地宫，自然就会知道“三绝”即是石经、纸经、木版经。作为佛教经籍的圣地，云居寺一直享有“北京的敦煌”“世界之最”等美誉，其中“石刻佛教大藏经”“房山石经”等刻于隋代，历史悠久，价值贵重，堪称精品，同时历朝历代留存下来的佛经典籍数目惊人，举世罕见，可谓是佛教史上的“京杭大运河”。云居寺的7座唐塔，5座辽塔，也算一绝。北边的辽塔又名“罗汉塔”，由砖石砌成，30多米高，八角形塔座上阁楼两层，又配“十三天”塔刹，外观优美，造型奇特。唐塔则为七层正方形的石塔，塔身密布各种佛像雕刻，塔檐分为单檐和密檐，大致相同。借着山势，看高塔耸立，仿佛有种肃穆由心而生，这些无言的丰碑记录了历史，也记录了古老的文明。

石经山的藏经洞可得去观赏一番，其中雷音洞就是当年发现佛祖舍利的洞窟，洞内宽广，四面墙壁有大量的经板，都是高僧静琬所刻，4根石柱上雕刻有千尊佛像，极为精妙。在这里，当你看着四面的经文，不禁就会感慨古代僧侣的坚韧与执着，所以身处其境之中，感悟良多。

旅游小贴士

地理位置： 北京市房山区

最佳时节： 春夏秋季

开放时间： 08:30 ~ 16:30

旅游景点： 云居寺三绝、南塔、北塔（罗汉塔）、佛祖舍利、唐塔、藏经洞

罗汉塔塔身分为上下两层，顶端犹如圆锥形，直指云天。

石经地宫是云居寺重要的藏经地，各类珍贵文物都藏于其中。

少林寺 天下第一名刹

一部《少林寺》不仅成就了功夫巨星李连杰，更使这座号称“天下第一名刹”的古寺蜚声海内外，成为许多人心中挥之不去的功夫梦。如今包括少林寺建筑群、东汉三阙、中岳庙、嵩岳寺塔、会善寺以及嵩阳书院、观星台 8 处 11 项在内的历史建筑群总称为“天地之中”，是我国跨时代最长和种类最为丰富的古建筑群。

⬆ 菩提达摩是我国禅宗的开山祖师，受到了四方朝拜，万世敬仰。

作为古刹名寺，少林寺不负声望，它是禅宗和武术的双鼻祖，因坐落在少室山茂密的丛林中而得名。据传摩诃迦叶的第二十八代弟子达摩在少林广收门徒，因其武术自成体系且又风格独特，于是少林派便在江湖上声名远播，留下了“天下功夫出少林，少林功夫甲天下”之说。当然，这只是传说，但是也从侧面反映出了少林功夫的盛名。

少林寺建筑群以常住院、塔林和初祖庵等为主，其中常住院即少林寺，也是少林寺的主体建筑，由南向北依次分布着山门、天王殿、大雄宝殿、法堂、方丈院、立雪亭和千佛殿。一入少林寺，康熙皇帝亲笔所题的“少林寺”3个大字便赫然出现在眼前。跨过山门便是供奉象征“风、调、雨、顺”的四大天王，甚是威武雄壮。山门红墙绿瓦，斗拱彩绘的重檐歇山顶，令人过目难忘。大雄宝殿是寺院佛事活动的中心场所，与天王殿、藏经阁并称三大佛殿。释迦牟尼、阿弥陀佛等的神像位于殿内，两侧还塑有十八罗汉像，皆是栩栩如生。缭绕的袅袅香烟与悠扬的佛教音乐相得益彰，处处透着禅意和静谧。

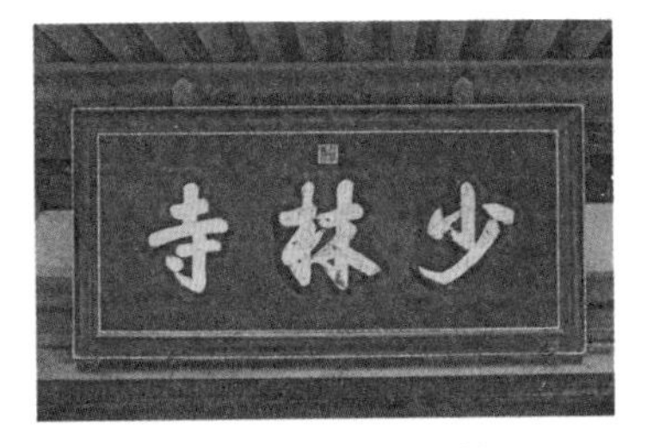

“少林寺”3字为康熙御笔。

少林寺的塔林里分布着唐宋直到现代的石墓塔231座，是少林历代高僧安息的地方，因塔类繁多，形式多样，参差不齐如同茂林而被称为塔林。和塔林不同的初祖庵是为了纪念“禅宗初祖”菩提达摩而修建的纪念性建筑，因达摩常常面壁静坐修行故而又称为“达摩面壁之庵”。

嵩岳寺塔。

除却少林寺建筑群，嵩岳寺塔独特而又神秘，如一位得道高僧看破了俗世红尘，傲立风中。嵩岳寺塔坐落在嵩山南麓的嵩岳寺内，初建于北魏年间，历经千年风霜而屹立不倒，成为我国现存最早的砖塔。砖筑密檐的十二边形塔极为罕见，整个塔式上下

少林寺塔林规模庞大，历史悠久，不仅是历代高僧的安眠之所，更是少林寺的精神圣地。

旅游小贴士

地理位置：河南省登封市

最佳时节：四季皆宜

开放时间：(3~11月)07:30~18:00;(12月至次年2月)08:00 ~ 17:30

旅游景点：天王殿、大雄宝殿、藏经阁、立雪亭

贯通，呈现出圆筒的形状，各层重檐按照一定的曲率向上收缩。刚劲雄伟的塔身，柔和饱满的线条使嵩岳寺塔呈现出一种勃勃向上的生气，寺塔与四周秀丽的风景相互融合，成为一体。

东汉三阙不仅受到了佛门的浸染，同时又充满艺术气息。东汉三阙又称为“汉三阙”，包括少室阙、太室阙、启母阙，是一种独特的石雕艺术。阙是建造在城门宫门等地方相峙对称的建筑，是象征性的大门。太室阙是汉代太室山的庙前的神道阙，四面雕刻有人、动物等 50 多幅画，另外还有书法雕刻中的珍品隶篆铭文。而位于少室山下的少室阙上的铭文记录的还有大禹治水“三过家门而不入”的故事，异常清晰。启母阙屹立于万岁峰下，本是汉代启母庙前的神道阙，因有“启母石”而得名。汉三阙象征着古老的封建礼制建筑而存在，具有极为重要的考古价值和艺术魅力。

这座古刹历经了 2000 多年的历史风霜，依旧巍然屹立，它把一座庙变成了人间净土。

少林寺的“天下第一祖庭”匾额正是这座古老的寺庙的佛教地位的集中体现。

白马寺 中国第一古刹

洛阳白马寺作为中土佛教的“祖庭”和“释源”，在佛教历史上，拥有着举足轻重的地位，一直以来受到人们的推崇。白马寺位于洛都之郊，古称金刚崖寺，相传建于东汉明帝永平年间，是佛教传入中国后官方创办修建的第一所寺院，号称“中国第一古刹”。

白马寺的来历极具传奇色彩，相传东汉明帝刘庄“夜梦金人，身有日光，飞行殿前，欣然悦之。明日，传问群臣，此为何神？”有臣答曰，此神即“佛”。明帝即派遣大臣蔡愔、秦景出使天竺（今印度）寻佛取经。使者在月氏一带遇到天竺高僧摄摩腾和竺法兰，于是邀请他们来我国宣讲佛法，并用白马驮载佛经、佛像跋山涉水来到洛阳，因此东汉明帝就敕令仿造天竺佛教寺庙修建寺院，为铭记白马驮经之功，将寺院命名为白马寺。在此后的1900多年里，佛教在我国逐渐生根发芽成为我国三大宗教之一，白马寺的影响可谓深远。

白马寺的牌坊式山门。

大雄宝殿双层屋顶凌空展开，大气磅礴。

白马寺景色最为优美之处——清凉台。

作为我国首个佛教寺院，白马寺并不是如后来的寺院一般隐藏在山水幽处，而是伫立在帝国权力的中心。千百年来滚滚红尘与沉静的佛寺只有一墙之隔，门前车水马龙，寺内幽深宁静。

站在寺前的广场上，只见两尊石刻白马静立门前。好像中国的佛教总是和白马有缘，人们印象最深的莫过于《西游记》里唐僧的白龙马，可能《西游记》里的白龙马就是借用白马驮经的故事。走进白马寺的山门，首先映入眼帘的是矗立在远处高耸的一座圆形的塔庙和不远处的正寺院。一条青石铺就的道路缓缓向前，两侧分别是五彩缤纷的鲜花和一座修建的人工水池，再往前就是正寺院，只见3个行云流水的鎏金大字——白马寺，题写在寺院正门上，引人注目。

白马寺总面积达4万多平方米，拥有天王殿、大佛殿、大雄宝殿、接引殿、毗卢阁等诸多建筑。大雄宝殿作为白马寺的主要建筑，内部供奉着3尊主佛，释迦牟尼居中而坐，左边是药师佛，右边是阿弥陀佛。缭绕的香烟中弥漫着一种神秘的氛围。

清凉台是白马寺景色最为优美的地方，也是摄摩腾和竺法兰二僧当年翻译佛经、宣讲佛法的场所。在台上建有毗邻阁，供奉着主尊毗卢佛，意为“光明普照”，左右的3间配殿中分别塑着二僧的像。在清凉台周围有小型建筑，一起构成了幽雅的庭式院落。院内两株明代种植的古柏，苍劲挺拔，每当花开之季，金黄色的花朵便会点缀在翠柏枝头，一片幽静之中给人以清新之感。漫步在清凉台，殿阁、庭院、花池、草坪，加上高耸云天的古柏，在蓝天白云的映衬下，好像绘就的一幅明丽的水彩画。

白马寺仿佛是一个充满书卷气息的书生，没有深山古刹的冷傲，更多的是一种平和。在这里，游人仿佛进入了一种超凡脱俗、远离尘世的境界，心情会变得轻松平静。

旅游小贴士

地理位置：河南省洛阳市

最佳时节：四季皆宜

开放时间：07:30 ~ 17:30

旅游景点：清凉台、大佛殿、天王殿、大雄宝殿

应县木塔 世界三大奇塔之一

山西省朔州市的应县自古有名，城内的佛宫寺名扬四海，因为这座寺庙里藏着一座闻名中外的木塔，这就是应县木塔，应县的精魂所在。这座木塔与意大利比萨斜塔、巴黎埃菲尔铁塔并称“世界三大奇塔”，堪称国宝。应县木塔尽管已经历经了千年风霜，但依旧秀丽典雅，古朴而精致。

旅游小贴士

地理位置：山西省朔州市

最佳时节：四季皆宜

开放时间：07:00 ~ 19:00

旅游景点：应县木塔

⊙应县木塔是我国现存最高最古的一座木构塔式建筑，也是唯一一座木结构楼阁式塔。

⊙殿上佛祖坐在莲花台上。

作为我国现存最高最古的一座木构塔式建筑，也是唯一一座木结构楼阁式塔，应县木塔举世罕见。这座古塔承载着传统的古建筑文明，更是汉唐至今极富有民族特色的建筑，据了解木塔上的斗拱共计 54 种之多，各种组合之间的衔接变化莫测，与梁、坊、柱等其他部件紧密结合，巧夺天工，向世人充分展现出了我国古代建筑方面的卓越成就，更值得现代的人们研究、继承和发展。

话说此塔兴建于辽清宁二年（1056 年），当时辽国萧太后认为此处是一块风水宝地，可以保佑辽朝的兴盛，又因为她是一名虔诚的佛教徒，所以便派人专门在这里建起了木塔，供奉佛祖的真身佛牙舍利，故而应县木塔又叫释迦塔。后来经过历代不断地修缮添补，木塔才成了今日的样子。《佛祖统计》《宋高僧传》等诸多历史文献都曾有过北天佛牙的记载，其中“唐宣律师在西明寺行道，北天王太子以捷罗刹所授佛牙上于师”最受佛界认同，而这位高僧珍存的一双佛牙就供奉在佛宫寺的木塔之中，甚至民间传说中还将此木塔说成了李天王手中所托之塔，可见应县木塔的名声果真不小。

木塔高耸在佛宫寺中，4 米高的台基上 70 米高的塔身直刺入云，八角形重檐层层展开，由下往上高阁内含夹层，共为 9 层。木塔双门朝向南北，可从楼梯盘旋而上，底层释迦牟尼佛，内壁 6 幅如来佛像彩绘，配有金刚、天王、弟子等人，顶层则是毗卢舍那如来佛和人大菩萨，纵贯全塔，可谓是一座佛国。

除了佛像与建筑构件，木塔更是文人作品的荟萃之地，想必是历朝历代的文人雅士和我们一样都瞻仰木塔，因而遗留下墨宝作为纪念。从明成祖朱棣北伐过应县，亲笔题写的“峻极神功”，到武宗朱厚在应县一带抵御外侵，大败鞑靼，犒赏三军留墨的“天下奇观”，还有清朝、民国珍存的楹联“拔地擎天四面云山拱一柱，乘风步月万家烟火接云霄”“点检透云霞西望雁门丹岫小，玲珑侵碧汉南瞻龙首翠峰低”等，众多墨宝丰富多彩，引人注目。

站在塔上俯瞰佛宫寺，庭院中树木不多，依然苍翠欲滴，灰瓦灰墙窄角门，胜似名家楼阁画卷里的任何一处风光。殿宇屋脊上纹饰秀美，鸱吻之上还有柱状的动物造像和植物浮雕，精巧美观，美不胜收。

悬空寺 凌云佛境

恒山——五岳中的北岳，位于山西省浑源县境内，是恒山山脉的主峰，海拔 2017 米，被誉为“塞北第一山”。这里汇聚 108 座山峰，绵延 1200 多千米，横跨山西、河北两省，东连燕山，西临雁门关，南倚三晋，北瞰云代，巍峨耸峙，苍苍茫茫。这样的一处宝地自然缺少不了名胜古刹。

来到恒山，有一个地方你不能不去，那就是恒山“十八景”中的第一景——悬空寺。悬空寺位于金龙峡西侧翠屏峰的峭壁间，以如临深渊的险峻而著称，素有“悬空寺，半天高，3 根马尾空中吊”的俗语。寺院建于北魏后期，是我国仅存的佛、道、儒三

寺中佛像泛着金辉，四周彩塑浮雕色彩明艳。

教合一的独特寺庙。原名“玄空阁”，“玄”取自于道教教理，“空”则来源于佛教的教理，后因寺院悬挂在悬崖之上，“悬”与“玄”又同音，遂改名为“悬空寺”。悬空寺长约 32 米，最高处距地面 50 多米，有楼阁殿宇 40 间，整体上呈一院两楼布局。南北两座雄伟的高楼悬挂在悬崖峭壁上，凌空相望，环廊合抱，殿阁交叉，栈道飞架，各个相连，高低错落。长约 10 米的长线桥上建楼，楼内建殿，连接南北两楼，形成了一处集奇幻、奇险、奇巧于一身的景观。悬空寺选址之险，建筑之奇，结构之巧，内涵丰富，堪称世界一绝。

悬空寺的灵秀之气如果分成两部分，那么佛教气息可以取一半，剩余一半必然要归于恒山的山水精华。站在寺中高处，放眼望去，东西两侧各有一座山峰，天峰岭和翠屏峰，两峰相峙对望，峰岩叠嶂，草木杂生，美若画卷。两峰之间为金龙峡，壁立千仞，青天一线，是出入恒山的天然门户。每当大雨倾泻而下，峡谷间雨雾纷飞，晴岚缥缈，溪水夺路而下，汇集的洪水气势滔滔，奔流而去。明代大旅行家徐霞客赞叹“伊阙双峙，武夷九曲，俱不足以拟也”，这就是恒山著名的景观“磁峡烟雨”。

人间仙界，恒山在自然的鬼斧神工之下脱尘而出，又享受着悬空寺的梵音和儒道文化的侵染，更是气度不凡。置身于悬空寺中，钟声响起，一阵阵在山峰与云海之间回荡，幽然邈远，使人感到心旷神怡。

旅游小贴士

地理位置：山西省大同市

最佳时节：4 ~ 10 月

开放时间：（春夏季）06:30 ~ 19:00；（秋冬季）08:00 ~ 18:00

旅游景点：南楼、北楼、长线桥

悬空寺建于北魏时期，距今有 1400 多年，是我国仅存的佛、道、儒三教合一的独特寺庙。

隔着密密的树林，窥看悬空寺悬挂在崖壁上，令人惊叹不已。

大雁塔 玄奘之塔

大雁塔坐落在陕西省西安市，它不仅是千年古都西安的象征，也是唐代四方楼阁式砖塔的杰出代表。曾经为了保存玄奘大师从天竺带回来的卷经佛像，大雁塔应运而生，今日的古塔不再肩负重任，但那凛然的气势、挺拔的身姿、不朽的记忆，依然令人敬仰。作为“丝绸之路：长安—天山廊道的路网”中的一处古迹，大雁塔已经被列入了《世界遗产名录》，享誉海外。

这座古塔归属于大慈恩寺，象征着玄奘法师的伟大贡献。大慈恩寺的前面便是大雁塔南广场，广场中央矗立着玄奘法师的高大铜像。他身披袈裟，手持锡杖，面朝前方，目光坚定，步伐沉

大慈恩寺院内墙壁上的游龙浮雕，工艺精美，栩栩如生。

夜晚的广场灯火辉煌，大雁塔在一片灯海中静静矗立。

稳，仿佛正坚定不移地走在西行取经的路上，任何的艰难险阻都不能阻挡前行的脚步。据史料记载，玄奘姓陈名袆，出家为僧后，聪敏勤奋，遍访高僧明贤，穷尽各家学说。为了解决佛教中的疑难问题，他便出发去佛教的发源地天竺取经，并被授予佛家最高称号“三藏法师”，返回长安后，潜心翻译佛经经典 19 年。分别被唐太宗与唐玄宗称为“法门之领袖”与“真如之冠冕”。

站在大慈恩寺门前广场上就可以看见高耸的大雁塔，整座塔由塔基、塔身、塔刹 3 部分组成。初建时共有 5 层，后经过多次变更，至今为 7 层，高 64.517 米。塔内有楼梯，可以攀登而上，站在塔上，极目远眺，长安风景尽收眼底。古塔基座门石的门楣、门框上雕刻有线条流畅、精细的佛像，以及砖雕的对联。底层南门的券洞两侧嵌置了《大唐三藏圣教序》和《大唐三藏圣教序记》碑石，分别为唐太宗李世民和唐高宗李治撰文，大书法家褚遂良手书，碑文高度赞扬了玄奘法师为佛教事业献身的伟大精神。

玄奘法师身披袈裟，手持锡杖，目光坚定。

“雁塔题名”是关中八景之一，也是大雁塔最辉煌的一页。大雁塔曾是唐朝新中进士的题名之地，乃“天地间第一流人、第一等事也”，也是当时大雁塔的风光写照。在大雁塔题名的人中最出名的当属白居易，他 27 岁一举中第，在大雁塔上写下了“慈恩寺下题名处，十七人中最少年”的诗句，表达他少年得志的喜悦。后世文人皆以之为荣，竞相效仿，相沿成习。千百年来，大雁塔上留下了无数文人的诗作题记，成为文化史上浓墨重彩的一笔。

漫步在大慈恩寺中，袅袅青烟缭绕，一片朦胧。平常人们说出家为僧也叫坠入空门，大慈恩寺的正门分成 3 座，中间的就是空门，东边是无相门，西边是无作门，象征入门三解脱，从此远离尘世。寺院东边有一钟楼，里面悬挂一口铁钟，钟上有“雁塔晨钟”4 个大字，这也是关中八景之一。西边对应的是一座鼓楼，楼里悬挂一面大鼓，寺中僧人皆是闻钟而起，暮鼓而眠，过着清心寡欲的生活。大雄宝殿是整个大慈恩寺的中心建筑，庄严肃穆。

古塔与寺院中的其他殿宇相互映衬，显得清秀典雅。1300 年来朝代更替，盛世大唐早已烟消云散，不禁使人感慨万千。这一院寺，一座塔，巍然耸立，看尽了沧桑变化。

旅游小贴士

地理位置：陕西省西安市

最佳时节：春秋季

开放时间：08:00 ~ 17:30

旅游景点：喷泉广场、雕塑广场、大雁塔、玄奘法师雕像

大雁塔与寺中殿宇相互映衬，更显清秀典雅。

隆兴寺 正定古刹

河北正定古寺云集，隆兴寺就是其中一座古老的寺院。它已经有上千年的历史了，从隋朝所建立的“龙藏寺”，到后来唐朝的“龙兴寺”，多次更名，从宋代的不断修缮，到清代的全盛时期，天下闻名。寺中更有与沧州狮子、定州塔、赵州大石桥齐名的“正定大菩萨”，它们就是妇孺皆知的“河北四宝”。隆兴寺中藏有六大文物，分别是摩尼殿、五彩悬塑观音、转轮藏、龙藏寺碑、铜铸千佛墩和铜铸大佛，都可堪称全国之最，珍贵无比。

隆兴寺坐北朝南，规模宏大，占地面积超过 8 万平方米。整体布局讲究，殿宇楼阁错落有致。严格地说这是一座没有庙门的寺院，从琉璃照壁后进入寺庙，依次排列着天王殿、摩尼殿、牌楼门戒坛、慈氏阁、转轮藏阁、御碑亭、大悲阁、御书楼等建筑，蔚为壮观。

寺内造像是北朝时期的文物，如今已经出现了多处破损。

双龙照壁位于隆兴寺最前方，占据了寺门的位置。这座照壁的主要颜色为朱红，显得十分喜气，加上壁顶和四边的绿色琉璃瓦，越发明艳照人。在照壁前后正中心有菱形的琉璃浮雕，两条游龙腾云驾雾，围绕着一颗明珠舞动，充满了动感，栩栩如生。相传唐朝时期，正定的滹沱河水势汹涌，河上又没有桥，所以人们便在河两岸安置了两条铁链，过河的船只就安全多了。然而随着时间推移，那两条铁链渐渐发绿，竟然变成了两条蛟龙，四处害人，直到张天师出现将他们降伏。赶巧当时尉迟恭在正定监督大佛寺的修建工程，就剩最后的山门还未完成，于是他就催促工匠连夜建了这座照壁，并把那两条龙锁在了里面。从此这座照壁就充当了山门，而两条害人的龙也被困在了壁中，两全其美。

梁思成先生曾说隆兴寺的摩尼殿是世界独一无二的。摩尼殿始建于宋仁宗时期，殿名取自佛经，意为清静。大殿重檐歇山式屋顶凌空高悬，绿色的琉璃瓦密密铺满殿顶，在阳光的照射下，五光十色，十分美观。然而摩尼殿的精髓并不在此，同其他重檐殿顶相比，这座殿顶则采用了“龟头屋”的设计，据说这种设计只在宋代的书画中出现过，真正的实例就只有这座摩尼殿一个，所以梁先生说它是举世无双的杰作。松柏青青，古槐掩映，庭院深处五重檐三层高阁耸立，这就是大悲阁。据史书记载，大悲阁建于宋朝初年，阁内部供奉着一尊巨型的观音像，人们称其为“大悲菩萨”。这尊观音菩萨拥有千只眼睛和千只手臂，每只手里都持有宝器，散开如绽放的花朵一样，令人眼花缭乱。

隆兴寺的古迹名胜丰富，可以毫不夸张地说，它就是一座艺术的殿堂。在那里，你感受到的不仅仅是建筑带给人的美感，同样还有建筑背后隐藏的历史文化，那将是一种从外由内的审美享受，一次不同寻常的收获。

旅游小贴士

地理位置： 河北省石家庄市

最佳时节： 四季皆宜

开放时间： 09:00 ~ 16:00

旅游景点： 大悲阁、摩尼殿、戒坛、御碑亭

松柏古槐掩映下的大悲阁。

摩尼殿屋顶造型美观，琉璃瓦色彩艳丽，檐角微微翘起。

灵隐寺 江南名寺之冠

⬆ 大雄宝殿是灵隐寺的主殿，内部供奉的佛像是我国最高大的香樟木坐式佛像之一。

“鞋儿破帽儿破，身上的袈裟破。你笑我他笑我，一把扇儿破。南无阿弥陀佛……”，很多人几乎都会哼唱这首歌，想必更不会忘记道济和尚吧！杭州灵隐寺就是这位神僧的修行之地，尽管他总是云游四海，经常见首不见尾，但是来灵隐寺祈福的人们却从来都未曾少过，可谓四方朝拜，香火绵绵。相传灵隐寺始建于东晋咸和年间，坐落在著名的西湖西侧，背向北高峰，面临飞来峰。在近 1700 年的历史中经过多次修缮扩建，如今的灵隐寺规模宏大，香火旺盛，雄踞东南寺庙之首。

大雄宝殿是灵隐寺的主殿，是一座高达 33.6 米的雄伟单层三叠建筑物。殿内中央，释迦牟尼佛像正坐，金光闪烁，造像“妙相庄严”，仿佛在听经，备受四方敬仰，这是我国最高大的香樟木坐式佛像之一，是一件宗教艺术真品。踏上灵隐寺大雄宝殿的石阶上，环望寺庙中都是来自四面八方的香客，虽然有一丝喧闹却也能感觉到一种肃穆，一种无与伦比的庄严。

大雄宝殿前有一座月台，两侧各有一座石塔，分成 9 层，八角向外，塔高 7 米多，通身雕刻精美，令人叹为观止。据考证两座石塔雕造于吴越末年，是灵隐寺里十分珍贵的佛教文物。在大雄宝殿的后面生长着一棵 40 多米高的古柏。挺直的树干，参天的树冠，还有那裂开的树皮无不在诉说着这个 1000 多年的古柏所经历的风霜雨雪。疏枝上偶尔吐出一排或几枚嫩芽，显示着这棵古老松柏的苍劲风骨。

石塔。

新建的灵隐铜殿坐落在五百罗汉堂内，高达 12 米，堪称中华第一高铜殿。铜殿采用传统的单层重檐歇山顶建筑结构，飞檐雕瓦，翼角飞举，精雕细刻，诸形工美。在正面，雕有我国四大佛山的自然景观，或清幽山色，或大江奔流，美不胜收。

罗汉堂内五百罗汉金身光芒四射，使人眼花缭乱。

灵隐寺与道济和尚是分不开的，说起他的法号，鲜为人知，但如果说济公，可能就没人不知道了。这位似癫非癫的得道高僧身着一件破袈裟，手持一把破扇，酒肉无忌，云游四海，在滚滚红尘中修炼自身。或许在他看来这就是佛的真谛，佛本来无一物，不拘泥于形式，回归人之本性。

与灵隐寺毗邻的飞来峰又名灵鹫峰。飞来峰山石奇特，钟灵毓秀，临溪的峭壁上精雕五代、宋元时期的石刻佛像 500 多尊，集汉传佛教与藏传佛教精髓于一身。470 多尊造像，至今保存比较完整的还有 300 多尊，尊尊都是真品，世间罕有，要说其中最受人关注的，那便是南宋的弥勒佛像了，这座国内最早的大肚弥勒造像通过巧夺天工的石刻技艺将嬉笑自若的神情在一方摩崖上表现得淋漓尽致。

飞来峰石刻历史悠久，艺术造诣颇高，很有观赏性。

旅游小贴士

地理位置： 浙江省杭州市

最佳时节： 3 ~ 5 月和 9 ~ 11 月

开放时间： 07:00 ~ 18:15（节假日早上提前 30 分钟开门）

旅游景点： 大雄宝殿、石塔、五百罗汉堂、灵隐铜殿、道济禅师殿、飞来峰石刻

五台山 中国地质博物馆

山西省忻州市的五台山，堪称我国佛教四大名山之首，在遥远的东汉时期从西域而来的高僧开始在此宣扬佛法，一直绵延到如今，源远流长。

登顶遥望，五台山上 5 座峰台犹如 5 朵莲花，仿佛注定为佛门盛开。东台望海峰，海拔 2795 米，彩霭齐山头，沉鱼落半腰，云深不知处，恍若仙境游。西台挂月峰，海拔 2773 米，架云挂月，奇中见险，“顶广平，月坠峰巅，俨若悬镜，因以为名”。南台锦绣峰，海拔 2485 米，青峦叠翠，生机勃勃，“顶若覆盂，圆周一里，山峰耸峭，烟光凝翠，细草杂花，千峦弥布，犹铺锦然，故以名焉”。北台叶斗峰，海拔 3061 米，高耸挺立，直刺长空是五台最高峰，有“华北屋脊”之称。中台翠岩峰，海拔 2894 米，亭亭华盖，俊秀伟岸，因台“顶广平，圆周五里，巅峦雄旷，翠霭浮空，因以为名”。东西南北中，五台傲然耸峙，气势非凡。

作为佛门圣地，寺庙建筑是必不可少的，现存较为完整的寺院有 90 多处隐匿在 5 座峰台之间。满怀虔诚，游走其中，仿佛时光倒流，庄严的建筑、肃穆的佛像、袅袅升起的香火在崇山峻岭中闪烁着耀眼的光芒，诠释着佛法的高深。

五台山位列我国佛教四大名山之首，佛教庙宇众多，气势恢宏。

显通寺位于中心区域，是五台山规模最大、历史最悠久的一座寺院。寺庙兴建于汉代，初名大孚灵鹫寺，清康熙年间，改名为大显通寺。寺内有大雄宝殿、大文殊殿、无量殿、铜殿、藏经殿等 400 多间建筑。大雄宝殿为举行佛事活动的主要场所，是显通寺的第三重大殿，殿内供奉有 3 尊佛像。大文殊殿，是显通寺的第二重大殿，内部供着 7 尊文殊菩萨像。无量殿是一座仿木结构的砖石建筑，外檐砖刻斗栱花卉，内雕藻井悬空，形似花盖宝顶，殿内供有无量佛。殿内保存的《华严经》字塔，由约 6 米长、2 米宽的白绫组成一幅七层宝塔图像，上有用蝇头小楷写《华严经》80 卷，是稀世珍宝。

显通寺无量殿。

菩萨顶是五台山最大的喇嘛寺院，古时还是历代皇帝朝拜五台山时的行宫，具有典型的皇家特色，金碧辉煌，绚丽多彩。寺庙始建于北魏孝文帝年间，历代多次重修，明永乐年间蒙藏喇嘛教徒进驻五台山，遂成为五台山黄庙之首。寺庙盘踞山顶，顺山就势而建，殿宇云集，布局严谨，雄伟壮观，主要分布着天王殿、钟鼓楼、菩萨顶、大雄宝殿等主要寺庙建筑。现存的建筑多是清代所建，以皇宫官制为参照，富丽堂皇，宏伟气派。

菩萨顶。

五台山寺院地处绝境，远避红尘，为僧侣和修行之人找到了一处净土。走在五台山绵延的山路上，山林中古木参天，偶尔传来几声清脆的鸟鸣，寺庙的建筑埋没在一片秀丽之中。轻轻拂过斑驳的转经筒，耳边传来梵音清咒，轻嗅着淡淡的香火味，世间的凡俗之气在五台山千百年的佛香中消散。

旅游小贴士

地理位置：山西省忻州市

最佳时节：夏季

开放时间：06:30 ~ 20:00

旅游景点：菩萨顶、显通寺、塔院寺、殊像寺、五台山万佛阁、黛螺顶

大足石刻 石窟艺术殿堂

在重庆西部的大足县境内，在一片青山环抱、绿水纵横之中隐藏着一处艺术气息浓郁、历史底蕴深厚、闻名海内外的佛教圣地——大足石刻。这里雕刻精美的佛像，技艺精湛，形式丰富优美，堪称石窟艺术的殿堂。

大足石刻始建于唐朝初年，在两宋时期进入鼎盛，此后历经元明清等多个朝代，有1300多年的历史。在这千百年间，大足石刻继续建造，规模不断扩大，如今包括宝顶山、北山、南山等数十平方千米，各类雕刻共有5万多尊，10万多字的铭文。佛像造型生动，色彩鲜明，保存完好，集我国石窟艺术之大成，被人们称为雕刻在摩崖上的百科全书。

宝顶山石窟群像色彩艳丽，层次感强，群像常呈现出内容丰富的故事的场面。

大足石刻是古代石窟艺术的殿堂，其中北山石窟和宝顶山石窟规模最为宏大、最为耀眼。在这座石窟艺术的殿堂里，北山和宝顶山犹如两根巨大无比且精美华丽的腾龙石柱耸立，支撑着大足石刻这座奢华的殿堂。

北山石窟雕琢于唐朝时期，位于大足县城之北 2 千米的龙岗山上，石窟密密麻麻，共有 450 处之多，各种佛像上万尊。在石刻的集中地——佛湾，这个好似新月的地方龛窟众多，形似蜂巢，在宽不足 500 米的崖面上，各式人物造像共有 7000 多尊，是大足石刻最集中、最精美、最宏大的石刻群。佛像俊俏秀丽，精雕细琢间汇聚东方神韵，充满人间气息。著名的石刻杰作普贤菩萨被誉为“东方维纳斯”。

宝顶山石窟始建于宋代，位于大足县城的东北处，以大佛湾为中心，形成众星捧月之势。宝顶山石窟堪称佛国仙境，周围林密壑深，苍茫青翠，在“U”形的摩崖上雕琢着近万尊佛像，气势磅礴，独步天下。佛像建筑群规模庞大，布局精致细密，各个部分紧密连贯，成为一个有机的整体。佛像雕刻突破了北山雕刻的技艺，取材于日常的生活，那一座座各不相同的佛像带着浓郁的生活气息，仿佛一幅幅悬挂在石崖上的巨大连环画，形象生动。

大佛湾有一座释迦卧佛，佛像长达 31 米，是我国卧佛雕像中最大的一个。佛像南北横卧，面朝西方，右半身和膝盖沉入地下，左手平伸放置，因此被称为“无限大的卧佛”。佛像线条柔和、身形饱满，佛前的弟子也是半身像，犹如从地底涌出，形成天迎地送的壮观景象，一种庄严静穆的气氛油然而生。

在大足石刻还有一个著名的雕刻——千手千眼观音。佛像高 3 米，坐在一朵莲花上，双眼微闭，面容微妙，在佛像四周密布着林立的手眼，共有 1007 只之多，这上千只手眼代表着佛像无边的法力和无穷的智慧。这些手中还拿有各式各样的法器或是作手印状，形式各异，好似孔雀开屏一般，让人叹为观止。这样惟妙惟肖、规模庞大的千手千眼观音造像在世界上很是罕见，被人们被誉为“手雕之绝”。

作为大足石刻景区的著名古刹，圣寿寺历史悠久，始建于南宋时期，距今已有近 1000 年的历史。寺庙规模庞大，几经兴废，如今依然香火不断，成为西南地区著名的佛教圣地。寺庙保存的建筑大多是明清时期遗留下来的，主要有大雄宝殿、天王殿、灵霄殿、燃灯殿等，各个建筑依山而建，错落有致。建筑上雕镂的彩绘技艺精湛，惟妙惟肖。每年的游人络绎不绝，特别是香会时，人涌如潮，故有“上朝峨眉，下朝宝顶”的说法。

大足石刻有太多太多的经典石刻，漫步在这座石窟艺术的殿堂，感受到智慧的灯塔照耀，金碧辉煌。

旅游小贴士

地理位置：重庆市大足县

最佳时节：四季皆宜

开放时间：08:30 ~ 18:00

旅游景点：宝顶山石窟、北山石窟、大佛湾、圣寿寺

北山石窟群像场面宏大。

宝顶山石窟圣贤都是从历史人物中选出的重要人物，这其实也是一种对古人的缅怀。

千手观音浮雕位于正中间，两侧彩云浮动。

乐山大佛 世界艺术珍品

坐落在四川省乐山市南岷江东岸的凌云寺，听起来你也许并不耳熟，然而一说乐山大佛，你就恍然大悟了。凌云寺始建于唐代，武宗灭佛时幸免于难，之后不断扩建形成新的规模，岑参的诗中写道“寺出飞鸟外，青峰载朱楼”“如知宇宙阔，下看三江流。天晴看峨眉，如在波上浮”，可以略见一瞥。

经过“甘露门”进入凌云寺，广场上铜炉中香烟袅袅升起，亭阁秀丽，迎面可见妙参法师的门联：“涌出西方千叶宝，远承南海一枝春”，浓浓的诗书气息也慢慢飘过心尖。庭院幽深，长廊迂回，一路走过天王殿、大雄宝殿、藏经楼，风光无限，琉璃瓦配红墙，厢舍禅房分布四周，错落有致，点缀得当，融入寺院的美景之中。

凌云寺乐山大佛脚下流水湍急，每逢雨季，潮浪翻涌，势如千军。

来到凌云寺，游人总是急不可耐地冲向凌云大佛。毫无疑问，乐山大佛，即凌云大佛就是凌云寺的标志，来寺不看此佛等于白走一遭。凌云大佛坐落在大渡河、青衣江和岷江三江汇流处，巧夺天工的造诣，历时多年的开凿，所有的智慧、艰辛和虔诚都汇聚在这尊举世无双的佛像上。大佛从唐代开元元年（713 年）开凿，历时约 90 年才完成。在这断断续续的开凿过程中，大佛逐渐成形，最终形成一个高约 71 米的大弥勒佛坐像，如一座巍峨大山一般，成为我国最大的石刻大佛。

大佛就雕凿在凌云寺不远的山崖上。慢慢走近，佛像高大，与山并立，给人一种强烈的震撼。不禁让人想到著名诗人戈壁舟写下的诗句：“山是一尊佛，佛是一座山。带领群山来，挺立大江边。”这是世界上最大的弥勒佛坐像，背倚山崖，面向三江，身形高大，双手平放在膝上，正襟危坐，沉静安详。那似闭未闭的眼眸注视着面前滚滚的江水，千年时空未曾改变，仿佛阅尽人

旅游小贴士

地理位置： 四川省乐山市

最佳时节： 春秋季

开放时间： 旺季（4 月 1 日至 10 月 7 日）07:30 ~ 18:30；淡季（10 月 8 日至 3 月 31 日）08:00 ~ 17:30

旅游景点： 乐山大佛

佛头高 14.7 米，头上细致紧密的螺髻都可以站十几个人。

凌云寺乐山大佛一侧山壁上的石崖栈道曲曲折折，成为人们观佛的天梯。

间沧桑，惯听潮起潮落，“岁月无语，唯石能言”，或许这就是佛的真谛。

凭栏看佛，大佛头顶与山齐平，大佛各个部分都是大得惊人。佛头高约 15 米，面宽约 10 米，头顶上的密布螺髻，每一个都可以放一张大圆桌。佛像双耳各长 7 米，巨大的耳内可以同时站两人，佛像鼻和眉等长，嘴巴和眼长皆 3.3 米。小腿长 28 米，脚面 8.5 米宽，可以站立百人。乐山大佛虽大却不粗糙，更显细腻精巧，尤其是雕刻技艺更是一绝，设计巧妙的排水系统、数量众多且精巧的发髻、生动传神的面部表情，无不诉说着建造工匠的精妙技艺。在这个佛教圣地，大佛并不是孤零零的，沿江的崖壁上，两尊手执戈戟、身披战袍的护法武士，高约 10 米，成百上千尊石刻造像，犹如一个庞大的佛教石刻艺术群。

看着群峦起伏、郁郁葱葱的凌云山，9 座低矮的山峰在江水河畔犹如盛开的荷花，亭亭玉立，朝霞映照，显得格外光彩照人。看着憨态可掬的弥勒佛敞开大肚，有“大肚能容天下”的气魄。江水悠悠，清风和畅，你是否想问，千百年来，这尊巨佛究竟在守候什么，思考什么？

大佛开凿于唐代开元元年（713 年），完成于贞元十九年（803 年），历时约 90 年。

彬县大佛寺 关中第一奇观

千年的悠悠古道，已被历史的风沙掩埋，古道上的寺庙历经沧桑，依然散发着耀眼的光辉，传承着历史的文明，吸引着一批又一批、一代又一代的人们进行无尽地探索。它就是古丝绸之路上遗留的明珠，它就是中西文化交流融合的种子，它就是彬县大佛寺。

彬县大佛寺地处丝绸之路的北干道上，原名“应福寺”。北宋仁宗皇帝为其养母刘太后举国庆寿时，改名“庆寿寺”。大佛寺石窟大规模开凿始于唐朝贞观二年（628 年），石窟分为大佛窟、千佛洞、罗汉洞、丈八佛窟 4 部分，共计 130 孔洞窟，佛龛 446 处，1980 多尊造像，错落有致地分布于 40 米长的东西向立体崖面上。

专为保护大佛窟而建的5层护楼。

大佛寺依山而立的楼阁典雅壮美，那大大小小的窟洞多如蜂窝，山下绿树成荫，景色秀丽，引人驻足观赏。走进大佛寺，最先引人注目的便是那高耸云端的护楼，这是专为保护大佛窟而建的，共有5层，高38米，因山而起，依窟造楼，精巧宏伟。其下部两层由砖石砌成，两边有石阶可达坚固而开阔的平台。中间有砖砌甬洞可进出大佛窟，第二层正面有砖砌拱洞3孔，可正面瞻仰大佛。两层基座之上便是3层楼阁，建筑精巧，装饰辉煌，最上一层的正中央高悬“庆寿寺”匾额。

大佛窟是全寺最大的石窟。窟内有一佛二菩萨石胎泥彩塑像3尊。大佛居于中央，静坐莲花台上，宝石蓝螺髻护顶，双耳垂肩，眼神平静地注视着前方，仿佛静静地注视着这片大地上的众生。佩戴挂于腰间，右手掌心向外，其中无名指向前微屈，仿佛暗藏禅机。整座佛像整体看来端庄肃穆、形象传神。大佛的左右两侧的观世音菩萨和大势至菩萨，身高均在15米左右，头顶宝冠灿灿生辉，一身瓔珞下配羊肠大裙，手持法相，面相丰圆，雅致恬静，使人望而心静，心驰神往。

大佛窟中的大佛是全寺最大的佛。

大佛窟的两侧则是大大小小的窟群，各有千秋。在大佛窟以西200米处便是丈八佛窟，又称“应福寺”。造像之中，丈八佛身高7.5米，两旁约6米高的菩萨随侍，静静站立。此处沿山开凿9孔小石窟，共有各式造像108尊，造型不一，端庄肃穆。

“邵州有个大佛寺，把天顶得咯吱吱”，这个彬县百姓口中的顺口溜，妙趣横生。“丈八佛见大佛”的故事更是广为流传，相传大佛的名声传到了甘肃泾川县，丈八佛听闻后，很不服气，于是便想和彬县大佛比试一番，然而当丈八佛目睹大佛尊容时，心悦诚服。在参观了大佛寺的洞窟之后，丈八佛毅然决定留下来，担当大佛的侍从，便在“应福寺”坐禅，为表敬意，丈八佛一直站着侍奉在大佛左右。直到如今，我们一进“应福寺”便可看到站立的丈八佛，千年如一。

大佛窟东侧的千佛洞，主像为弥勒佛，除少数立像外，大多为浮雕。这些造像千姿百态，灵动飘逸，宛若流星。大佛窟西侧的罗汉洞，有 100 多尊造型各异的造像，以释迦牟尼像为主像，其余为菩萨、力士、金刚等。千佛洞的东边还有一修行窟，迥然有异于其他洞窟，内无造像，也无题字，极为神秘。洞窟多为方形、圆形或椭圆形，洞窟之间以竖井相连，或以石廊相连，或以崖上凿出的石台阶相连。这种庞大而连贯的僧房窟群在中国的佛教石窟建筑中是极少的，具有极高的历史文物价值。

大佛寺虽为我国所建，但石窟内的石雕、泥塑、彩绘等反映出了西域乃至佛教文化的很多典型特征。这是古代中西方文化交流融合的真实写照，是中西桥梁丝绸之路北道的地标，也是我国佛教艺术史上的一盏明灯。如同清代学者毕沅曾高度评价彬县大佛寺那样，将其誉为“天下第一奇观”，可谓实至名归。

旅游小贴士

地理位置：陕西省咸阳市

最佳时节：四季皆宜

开放时间：08:00 ~ 18:00

旅游景点：护楼、大佛窟、千佛洞、罗汉洞、丈八佛窟、修行窟

洞窟石刻在我国的佛教石窟建筑中是极少的，具有极高的历史文物价值。

千佛洞中佛像 300 多尊，且多为浮雕，千姿百态、各有特色。

大理崇圣寺 巍巍佛都

⬆ 崇圣寺是《天龙八部》中的天龙寺，历史上有 9 位大理皇帝在崇圣寺出家，可见崇圣寺的地位。

大理崇圣寺始建于唐开元年间，经过历朝历代的扩建，直到宋代达到了鼎盛时期，规模庞大，气势恢宏。大理自古享有“佛都”之美誉。作为南诏古国、大理古国时期的皇家国寺和政教中心，崇圣寺如今已经是中国佛门最壮观的寺院之一。

崇圣寺背靠苍山，聆听洱海潮声。湖光山色映衬下的崇圣寺气势雄伟却不失秀美典雅。飞檐翘角、雕梁画栋的楼阁庙宇，挺拔俊秀、古朴典雅的三塔，端庄肃穆、高大雄伟的佛像，大理崇圣寺以其独特的卓越风姿，吸引着四面八方的游客。

崇圣寺大门前方的广场上，只见双面大鹏金翅鸟展翅欲飞，它是以三塔出土文物金翅鸟为蓝本创作而成。大鹏金翅鸟站在莲花台上，金灿灿的羽毛十分耀眼，头顶上的羽冠精美，栩栩如生。整件雕像铜铸贴金，远远望去金碧辉煌、斗志昂扬。

苍山下的大理三塔雄浑壮丽、气势雄伟，崇圣寺的三塔由一大二小 3 座佛塔组成，建于唐代南诏国时期，造型与小雁塔一样，均为密檐式塔，塔身内壁垂直贯通上下，设有木质楼梯。主塔又被称为千寻塔，当地人也称为“文笔塔”，通高 69.13 米，底部宽 9.9 米，共 16 级。与千寻塔毗邻的南北小塔均高 24 米，十级层层抬升。千寻塔与南北两座小塔的距离均为 70 米，呈三足鼎立，千寻塔居中，两小塔南北对峙，仿佛臣子侍立左右，与主塔浑然一体，在塔下仰望好似擎天玉柱，直插云端，与远处的苍山、洱海共同点缀出大理古城的风韵。大理崇圣寺三塔，是我国西南最古老雄浑的建筑之一，迄今已有千余年的历史，历经岁

旅游小贴士

地理位置：云南省大理市

最佳时节：春秋季

开放时间：08:00 ~ 19:00

旅游景点：崇圣寺三塔、大鹏金翅鸟广场、南诏建极大钟、雨铜观音殿

崇圣寺三塔是大理的标志，由一大二小两座组成，大塔又名千寻塔，高近 70 米。

观音殿的琉璃瓦顶灿灿生辉，飞檐斗拱精美绝伦。

月的沧桑与风雨的洗礼，仍然巍然高耸。大理三塔不仅是大理的标志，云南古代历史文化的象征，更是劳动人民智慧的结晶。

佛教传到南诏以后，有了长足的发展。当时，观音在大理地区是最受欢迎的，崇圣寺之“圣”便为观音。寺中建有十一观音殿、阿嵯耶观音阁、雨铜观音殿等。寺中的雨铜观音殿，里面供奉着雨铜观音，这座观音像是现在云南最大最高的室内观音像，其原本铸于南诏建极时期，后来不幸被毁，后根据清末遗存照片复制而成，高近 9 米，加上莲花座和须弥座总高 12 米多。莲花座与观音像为铜像贴金。

除此之外，崇圣寺的主轴线上依次还建有山门、护法殿、弥勒殿、大雄宝殿、山海大观石牌坊、观海楼。与中轴线平行，法物流通处、方丈堂、客堂、斋堂、罗汉堂等依次排开。建筑群层次分明，错落有致，不仅雄伟，而且充满了民族色彩。寺院里建筑与绿化景观结合，古典又清新，浓郁的佛教氛围，堪称现代寺院的上乘之作。

大雄宝殿。

大昭寺 香火圣地

“日光城”拉萨是喇嘛教的圣地，布达拉宫和大昭寺便是拉萨的“双子星”。到拉萨旅游，参观布达拉宫和大昭寺是绝不能少的旅程，而对于朝圣者，它们就是永远照亮前路的明灯。尽管布达拉宫闻名遐迩，但大昭寺也不遑多让。

大昭寺，又名“祖拉康”“觉康”，藏语意为佛殿，它融合了多种建筑风格的特色，是藏式宗教建筑的典范，各种布局、结构都与汉式佛教建筑大相径庭。大昭寺始建于647年，后历经元、明、清历朝屡加修改扩建，才形成了现今的规模。

屋檐前端密密麻麻雕满了佛像，四边都是精美的纹饰。

主殿的金顶在阳光的照耀下光彩夺目。

大昭寺门前的小广场上有一块3米多高的石碑，这就是著名的唐蕃会盟碑，碑上藏汉双文题刻均是唐朝人的笔迹。当时的赞普赤德祖赞为表示唐蕃人民世代友好之诚心，在大昭寺们前立此石碑表明心迹，碑文朴实无华，却又言辞恳切，虽然如今的石碑风化严重，大多数碑文仍清晰可辨，记录着藏汉友谊。

唐蕃会盟碑。

作为西藏现存最辉煌的吐蕃时期的建筑，也是西藏最早的土木结构建筑，大昭寺主殿3层，在主殿的顶部有别具一格的金顶，在阳光的照耀下光彩夺目。这座主殿已经有1400多年的历史了，如今殿内的地板依然光亮如镜。左右两侧各有一尊巨大的佛像，左侧是红教创始人密宗大师莲花生，右侧是未来佛，佛像栩栩如生，雕刻技艺极具藏族风格。除了佛像，自然也少不了壁画，沿回廊两侧的墙壁上，都绘有壁画，被称作“千佛廊”，描绘的都是佛教传说、吐蕃历史。主殿坐东面西，两侧列有配殿，寺院内的佛殿主要有释迦牟尼殿、宗喀巴大师殿、松赞干布殿、班旦拉姆殿等。沿正门进入天井式院落，据说这里是藏传佛教中“格西”的产生地。“格西”是藏传佛教中的高级学位。

寺内佛塔、佛像、壁画精美无比，那些精湛的雕琢技艺虽历经千年，但仍使人心生赞叹。其中，在寺院西墙与北墙的拐角处就矗立着一座白塔。关于这座白塔的由来，有这样一个传说，那就是在大昭寺修建之前，这座白塔就从卧塘湖中神奇地显现出来了。寺内有两处较为出名的壁画，其中一处位于大殿通道入口的右侧，内容为当年填湖建造大昭寺的情景，还有 7 世纪时早期布达拉宫的样子。另一处壁画讲的是 7 世纪时，松赞干布和文成公主组织的一个专为大昭寺竣工而举行的开光典礼，实际上是一个包括摔跤、射箭、牦牛舞、面具舞等项目的传统运动会的情景。

走出寺庙，大昭寺门前似乎永远都有一群群的人们在此祈福、跪拜，在他们的眼里，大昭寺这个最圣洁的拜佛之地，一定是洗涤灵魂的最佳之处。趁着斜阳，回望大昭寺，阳光的温度慢慢下降，晚霞开始从天边的云层走出，湛蓝的天空放低了姿势，像是依靠在远处的雪山上一样。一切都在等待夜的降临。

旅游小贴士

地理位置：西藏自治区拉萨市

最佳时节：3 ~ 10 月

开放时间：09:00 ~ 18:00

旅游景点：释迦牟尼殿、宗喀巴大师殿、松赞干布殿

廊柱林立，顶上为宝蓝色，地上铺着石砖，漫步廊中，可看院中景色，可赏墙上彩画。

天井式院落。

哲蚌寺 拉萨三大寺院之一

哲蚌寺始建于明代永乐年间，与甘丹寺、色拉寺并称拉萨三大寺，它是格鲁派中最崇高的寺院，也是藏传佛教中最大的寺庙，更是全世界最大的寺庙之一，名声显赫，四海皆知。哲蚌寺坐落在拉萨郊外的根培乌山上，依靠山势，绵延千里，占地约 20 万平方米，七大僧院分布于寺内，气势恢宏，蔚为壮观。

屋顶上的金钟布满雕花，在蓝天白云的衬托下越发显得美观。

该寺由格鲁派创始人宗喀巴的弟子绛央曲杰扎西班丹主持兴建，明清时期不断扩大，寺中僧侣一度破万，名噪一时。哲蚌寺初名为“白登哲蚌寺”，后来简称“哲蚌寺”，寺名中的“白登”藏语意为祥瑞庄严，“哲蚌”即为“米堆”故而可以称其为“堆米寺”或“积米寺”。

来到哲蚌寺，从大门进入寺院之中，随着山势向高处攀登，大大小小的经堂错落有致，分割出来许多院落，仰面望去，蓝蓝的天空下那些高耸的佛殿是核心的建筑，占据着崇高的地位。其中措钦大殿高居首座，罗赛林扎仓、德阳扎仓、阿巴扎仓、郭芒扎仓四大僧院环列四方，甘丹颇章及 29 个康村点缀，犹如群星璀璨。

哲蚌寺中最大的僧院就是罗赛林扎仓，占地1800多平方米，此处聚集着寺中最多的僧众，下辖的 23 个康村常来朝拜。这座扎仓主要由经堂和佛殿组成，经堂宽敞明亮，102 根柱子笔直挺立，两边经架上佛教经典浩如烟海。背后强巴佛殿面阔三间，殿中各种彩绘图案光艳照人，大小佛像姿态万千，惟妙惟肖。其他 3 座大扎仓与罗赛林扎仓布局大致相同，从规模上依次递减，但是各有千秋，值得细细品味，慢慢游览。

罗塞林扎仓是哲蚌寺最大的僧院。

极乐宫也就是甘丹颇章宫。甘丹颇章宫一直是寺院管理层的驻地，从独立的建筑风格就能看出它重要的权力地位。甘丹颇章如同一座城堡，屹立在寺院之中，四周高墙耸立，遮盖内部的秘密。穿过前门庭院，踏上 27 级台阶殿中大院，院中屋舍锦簇，

甘丹颇章宫像一座城堡一样，屹立在寺中。

旅游小贴士

地理位置：西藏自治区拉萨市

最佳时节：四季皆宜

开放时间：09:00 ~ 17:00

旅游景点：措钦大殿、罗塞林扎仓、甘丹颇章宫、辩经场

石刻上许多都带有藏语佛经，仿佛一封封僧人写给佛祖的信。

二层处理政教事务，三层达赖喇嘛居住，上下一体层层递接，庄严肃穆。

寺院中最为崇高的乃是措钦大殿。站在辽阔的广场上看去，17 级石阶上 8 根廊柱顶天立地，色彩明艳，引人注目，回廊壁上唐卡彩绘使人目不暇接，雕梁画栋和张开的歇山式屋顶徐徐铺展，金顶黄灿灿的光芒闪烁，明艳照人。殿堂四层拔地而起，直指苍穹。底层经堂宽敞，石柱林立，长明灯光下鎏金铜像熠熠生辉，悬幢帏幔也流光溢彩，分外好看。大殿后面塔佛并立，使人叹为观止。二楼藏书丰富，所藏的经书典籍十分珍贵，具有很高的研究价值。再向上，三层有一"强巴通真拉康"小殿，属于清朝遗迹，为历史留下一笔。顶楼释迦佛殿中 13 座银塔簇拥释迦牟尼法像，侧殿内历代祖师和罗汉低身臣服，整座大殿呈现出一派万佛朝宗的气象，蔚为壮观。

如果碰巧赶上了"雪顿节"，那就相当幸运了。每逢藏历六月三十日那天，僧人们将安居在寺内，几十天不出庙，免伤虫蚁，因此当地人纷纷来为他们奉上酸奶宴，这就是雪顿节的原形。现在的内容变得更加丰富多彩，巨幅唐卡佛像纷纷展出，使人大饱眼福，还有各种宗教活动和藏戏表演，层出不穷。

蔚为壮观的措钦大殿。

松赞林寺 小布达拉宫

云南境内最大的藏传佛教寺院便是松赞林寺，其素有“小布达拉宫”的美誉，在当地十分有名望，更是川滇地区具有崇高地位的黄教寺庙。松赞林寺又被称为归化寺，始建于 1679 年，耗时 3 年完成，现在已经发展成类似城镇一样的规模，极为壮观。

松林赞寺屹立在高原净土，每年的 8 月多就开始飘雪。相传寺庙选址是上天的旨意，占卜得到“林木深幽现清泉，天降金鹫嬉其间”的启示。后来人们找到的地方就是今天的位置，寺院里的清泉和金鹂都等到应验。五世达赖喇嘛亲自为寺院取名，即“松赞林寺”。

远远望去，与山融为一体的松赞林寺殿阁绵延，随着山峦起伏变化，蔚为壮观。

松赞林寺就像一座藏族艺术的博物馆，无论是建筑、彩绘、雕刻，还是服饰、佛经、法器，都使人叹为观止。站在松赞林寺前面，抬头望去，只觉得这气势磅礴的庙宇像是一座城堡，高耸的外墙沿着山势起伏，围成了一个椭圆，高墙内楼宇层层叠起，步步升高，蔚为壮观。进入寺院，暖暖的阳光照在身上，也照在松赞林寺的土地上，灰白的墙壁褪色的地方有褐色的痕迹，窗户嵌在墙里，玻璃明晃晃的十分耀眼。门上的帷幔厚重可以挡风，同样又精致美观，纹饰典雅，富有民族特色和宗教味道，上面与墙壁顶端相接，留出红褐色的宽带，仿佛为墙体绣上了花边一样。屋顶有平顶和尖顶之分，尖顶更为华丽，几乎都有经幢、双鹿、法轮等雕塑，金光万道，在蓝天白云下，更加耀眼，让人眼花缭乱。

走进松赞林寺，沿着阶梯一步步登上高处，走向朝天的路。

寺中最高的建筑是扎仓、吉康，那里是全寺的中心，更是朝圣者的天堂。转过几座楼阁，来到广场的尽头，穿进巷口，面前那条直直伸向高处的石阶马上就让人想起了泰山的“紧十八盘”，十分陡立，两边的屋舍跟着这条“登天”的路一层一层抬升。走上去，眼前的景色慢慢开始沉入眼底，抚摸着那些古旧的墙壁，突出的地方还有藏语撰写的经文，此时佛教的符号才走进你的思绪里，要不然你总以为还在古堡里漫游。

扎仓和吉康作为寺院中的核心，八大康参、僧舍等建筑环列在周围，错落有致，形成了寺院大致轮廓。扎仓大殿屋顶上密密的镀金铜瓦鳞次栉比，檐角上翘，正脊上一对鸱吻也光艳照人。走进大殿之中，仅仅 108 根柱子就让人眼花缭乱了，更不用说那两侧的万卷橱，里面盛放大量的藏经，浩如烟海，使人叹为观止。迎面正堂上五世达赖铜像庄严肃穆，历代高僧的灵塔耸立。登上中层，诸神殿、护法殿、堪布室、静室、膳室等环列一周，纵深宽广，再往上走就到了顶层，那里是珍藏室，达赖画像、经书、唐卡、法器等。

衬着蓝天和白云，松赞林寺的殿宇巍巍高耸，磅礴的气势震撼人心。

站在楼上，向窗外望去，红褐色的山坡上，白色的汉藏双语写成的巨型“松赞林寺”，格外醒目。

旅游小贴士

地理位置：云南省迪庆藏族自治州

最佳时节：四季皆宜

开放时间：08:00 ~ 18:00

旅游景点：诸神殿、护法殿、堪布室

云冈石窟 佛教艺术宝库

北魏是我国佛教历史上的重要时期，文成帝初年开凿的云冈石窟，向两边绵延 1000 米，建造时间长达数十年，工程浩大，蔚为壮观。然而斗转星移，物是人非，千年的岁月静静地把这块瑰宝安放在了山西大同西郊的武周山，等着世人慢慢地揭开它的神秘面纱。云冈石窟是我国规模最大的古代石窟群之一，与敦煌莫高窟、洛阳龙门石窟和天水麦积山石窟并称为中国四大石窟艺术宝库，这里主要有洞窟 45 个，大小窟龛 252 个，石雕造像 5 万多尊。

斑驳的崖壁上布满石窟，非常壮观。

云冈石窟到处充满着佛的韵味，佛像雕刻得生动传神，仿佛端坐在佛殿之内，接受众人的拜谒。石窟虽然经历岁月的洗礼，可是其艺术魅力没有遗失，处处绽放着当时佛教鼎盛的气息。各个石窟分布不规则，或单或双，或大或小，在洞窟内雕刻有大小不一的佛像，惟妙惟肖。第一窟和第二窟为双窟，位于云冈石窟的东端。石窟中的佛像大多饱受风化侵蚀，损坏严重，仅存的佛本生故事浮雕生动传神。第三窟是云冈石窟中最大的一个，石窟分为前后两室，前室弥勒佛端坐，后室中雕刻有 3 尊造像，外形圆润丰满，衣纹流畅，花冠精细。其中中间的本尊佛高约 10 米，安详端坐；两侧的站立佛像高约 6 米，庄严肃穆，即为护法。

石窟内雕像的色彩鲜艳，构造细腻。

在云冈石窟中第五窟是最具有代表性的一个，规模庞大，雕刻技艺高超，其后室的主佛为三世佛，坐像高 17 米，是云冈石窟最大的佛像。佛像背倚石山，盘膝而坐，线条柔和，面带微笑，注视远方。两侧拱门刻有二佛对坐在菩提树下，顶部浮雕飞天，线条优美。第六窟与第五窟也是双窟，石窟中央是一个连接窟顶的两层方形塔柱，约 15 米高，四周分别有 4 尊佛像端坐，北面雕释迦多宝对坐像，南面雕坐佛像，东面雕交脚弥勒像，西面雕倚坐佛像。同时在四周还有 33 幅描述释迦牟尼从诞生到成道的佛传故事的浮雕，生动传神。

云冈石窟因建造时间不同，石窟的艺术风格也大为迥异。早期的“昙曜五窟”气势磅礴，具有浑厚、纯朴的西域情调，说明当时佛教还没有真正融入汉文化之中；中期的石窟则以精雕细琢，装饰华丽著称于世，可见当时的佛教在中原的鼎盛和富丽；晚期窟室中的佛像以清瘦俊美为代表，是我国北方石窟艺术的榜样和“瘦骨清像”的源起。可见云冈石窟是石窟艺术“中国化”的开始。

一尊尊佛像在精湛的斧凿刀刻下逐渐显露成形，侧耳倾听，仿佛有穿凿的铁锤声和空灵的梵音又一次响起。漫步的历史画卷中，有战争的硝烟，有百姓的哭声，还有今天的回望。

旅游小贴士

地理位置：山西省大同市

最佳时节：5 ~ 10 月

开放时间：08:30 ~ 17:30

旅游景点：灵岩寺、昙曜五窟、佛光大道、礼佛浮雕墙

释迦牟尼雕像，生动传神，背后的日轮上雕饰细致精美，展示着高超的雕刻技艺。

第五窟的主佛三世佛是云冈石窟最大的佛像。

龙门石窟 石刻艺术宝库

“九朝古都”洛阳，作为一座历史名城，在悠久的历史长河中依旧光彩夺目，尽管黄沙弥漫的千秋老去了，但是在这里，文化的积淀从未停止过，看龙门石窟中的佛像，那就是信仰的沃土。当年斧凿的余音已经伴着黄河的涛声成为古老的歌曲，沉默的佛像目睹了人世的沧桑轮回，不悲不喜，平静超然。

密密麻麻的石窟开凿在石壁上，大小不一，令人震撼。

龙门石窟位于洛阳市城南 13 千米处，密密麻麻的石窟分布于伊水河畔的石壁上，它们开凿于北魏孝文帝时期，后历经东魏、西魏、北齐、北周、隋、唐和宋等朝代，断断续续，雕凿时间长达 400 年之久。如今山上共存有大小洞窟 2345 个，佛像 10 万多尊，碑刻题记 2840 多块，石刻佛塔 60 多座。穿过一座标有“龙门”字样的古老石门，龙门大桥凌驾于滚滚的伊水河上，远处一座山丘上布满了密密麻麻的犹如马蜂窝一样的黑洞，那就是龙门石窟。仔细看，在这大小不一、深浅不同的黑洞中隐藏着各式各样的佛像，每座佛像惟妙惟肖，雕刻精妙，特别是那几座大佛令人啧啧称奇。

卢舍那大佛是龙门石窟最著名的佛像，其规模宏大、技艺精湛，古时候隶属于皇家寺院的奉先寺。奉先寺虽称为寺，却主要是石窟，开凿于唐高宗初年，后有武则天捐助修建。在这座石窟中雕刻有 9 座巨大的佛像，各个形神兼备，有的面相凶恶，有的面带微笑。在一片明媚的阳光中，卢舍那大佛眼神专注地凝视着神州大地。卢舍那大佛为释迦牟尼的报身佛，据说卢舍那在佛经中意为光明普照。佛像通高 17.14 米，头高 4 米，耳朵长达 1.9 米，相传这是依照武则天的容貌而建。佛像头顶波浪式的发纹，面部较为丰润，清秀如画的眉目下是一双明亮的秀目，静静注视着远方，望之使人心灵澄澈，恬然平静。

卢舍那大佛是龙门石窟的标志。

龙门山的南端有一处由天然的石灰岩洞开凿而成的洞窟——古阳洞，洞窟开凿于 493 年，是龙门石窟造像群中开凿最早的。古阳洞规模十分宏大，内部的佛教内容丰富，书法艺术高超，望之令人震撼。内部主像为释迦牟尼，身披线条流畅的袈裟，安详地端坐在方台上，面相清瘦，眼中含笑，侍立在左右的分别是手提宝瓶、清雅脱俗的观音菩萨和拿摩尼宝珠的大势至菩萨。古阳洞大大小小上百个佛龛，造型设计优美，丰富多彩，雕造装饰十分华丽。不过在古阳洞，最著名的就是被誉为书法珍品的“龙门二十品”。北魏时期的这 20 块碑记上的字体端正大方、气势刚健质朴，是古代书法艺术的珍品。

古阳洞中的释迦牟尼像。

龙门石窟的佛像自身就是一本经书，游览就像阅读，千张面孔，引人深思。

旅游小贴士

地理位置： 河南省洛阳市

最佳时节： 4 ~ 5 月和 9 ~ 10 月

开放时间： （春夏秋季）07:30 ~ 18:30；（冬季）07:30 ~ 17:30

旅游景点： 奉先寺、潜溪寺、宾阳洞、万佛洞、莲花洞、古阳洞、药方洞

敦煌莫高窟 大漠艺术长廊

飞天是敦煌莫高窟最具有代表性的艺术特色。

西北戈壁沙漠中天地旷远，大漠苍茫，千年不朽的莫高窟，遗世独立，静静地躺在三危山和鸣沙山的怀抱中，四周沙丘环绕，数百个洞窟像蜂窝一样紧密地分布在悬崖断壁上。作为世界上现存的内容最为丰富和规模最为宏大的佛教艺术殿堂，它以精美的壁画、多样的塑像以及形制各异的洞窟闻名于世，被称为“东方卢浮宫”。

敦煌莫高窟俗称“千佛洞”，始建于十六国时期的前秦，历史悠久，它的建造也颇有神话色彩。据传僧人乐尊从这里经过，忽见金光四射，仿佛万千神佛现世，于是就在岩壁上开凿了第一个洞窟。之后在此建洞修禅的法良法师，从“沙漠的高处”取意称其为“漠高窟”，后世将其改名为“莫高窟”，并一直沿用至今。

莫高窟现存有洞窟约 700 多个，这些洞窟面积从 200 多平方米到不足 1 平方米大小不等，形制也各有不同。每个洞窟都是建筑、彩塑、绘画相结合的综合性艺术殿堂，这些洞窟形成的朝代各异，漫步其中，你可以领略不同朝代的绘画雕塑艺术。在这些洞窟中最为有名的便是藏经洞，洞中藏有大量珍贵的古代文本，还包括各种刺绣、绢画，内容包罗万象。还有一些洞窟是僧侣修行、居住的场所，里面生活设施齐全，有灶坑、土炕、壁龛等。和其他地方不同，这里大多没有彩塑和壁画。石窟外原来有一些木质建造的殿宇、走廊、栈道，但因时间久远，风吹雨淋，早已经不复存在，唯一留下的也就只有唐宋时期保存较为完整的木质结构的窟檐，还有民国初重新修筑作为莫高窟标志的九层楼了。

据说这里的岩质本不适宜雕刻，因此许多雕刻者采用了泥塑的方式塑像，这些塑像形象众多，大约有 2000 多尊，有妙法庄严的佛像、有高大威猛的力士、有气势威武的天王等，丰富多彩，特色鲜明。塑像的手法多样，有圆塑和浮塑，圆塑是完全立体的塑像，可以供人四面观赏，而浮塑是平面上雕刻出凸起的塑像，如塑像的衣带等，注重突出局部。敦煌彩塑的最大特点就是塑像和壁画，它们相互映衬，相互补充，既是洞窟艺术的整体合一，又突出了彩塑的主体地位。这些雕塑和壁画充分展现了雕刻家丰富的想象力与雕刻艺术才能，并且极富艺术感染力。千姿百态的彩塑中颇为引人瞩目的就是长达 16 米的卧佛，他侧身枕臂而卧，眼睛微微闭合，神态安详而宁静，沉淀着历史的沧桑与厚重，似有说不尽的故事在其中。

佛像雕刻技艺高超，而且色彩搭配更是独具匠心。

色彩斑斓的壁画。

通过长长的栈道，走进阴暗的洞窟，在手电筒微弱光线的照映下，色彩斑斓的壁画一点一点呈现在我们面前。初次见到敦煌壁画，你一定会被如此富丽多彩的壁画所震惊，仔细再看便会被古人的智慧和想象力所深深折服。这里的壁画吸收印度、伊朗等地的艺术之长，又融合本土的艺术文化，塑造了风格特异的壁画，有各类佛教故事，有优美山水风光，还有极富生活气息的亭台楼阁，最令人惊奇的便是灵动飘逸的飞天。壁画上的飞天，成百上千，有的凌空起舞，欲乘风归去，有的怀抱琵琶，轻轻拨弄银弦；有的彩带飘飘，漫天飞舞；有的身体倒悬从天而降，宛若流星……画家用蜿蜒曲折的线条和丰富的想象，为我们创造了一个舒展和谐的意境，向世人展示了一个空灵优美的理想世界。

旅游小贴士

地理位置：甘肃省敦煌市

最佳时节：四季皆宜

开放时间：（5 月 1 日至 10 月 31 日）08:30 ~ 18:00；（11 月 1 日至 4 月 30 日）09:00 ~ 17:30

旅游景点：九层楼、藏经洞

麦积山石窟 东方雕塑馆

龙门、云冈或是莫高窟的名声过盛，作为我国四大石窟之一的麦积山石窟似乎鲜为人知，但是它的伟大之处绝不会被掩盖，当历史的记忆、文化的沉淀和精美的雕刻艺术在麦积山石窟重现的时候，“东方雕塑馆”的美名，国家5A级景区的头衔，纳入世界遗产名录的机会，便接踵而至，仿佛一颗耀眼的明星照亮一方天空。

麦积山石窟位于甘肃省天水市东南方向大约45千米处，石窟雕凿在一个略显孤立的山峰上，因山形酷似农家麦垛之状，故得名麦积山石窟。石窟始建于后秦时期，大兴于北魏，后经唐、五代、宋、元、明、清各代不断的开凿扩建，遂成为中国著名的石窟群之一。唐朝时，因为发生了强烈的地震，麦积山石窟的崖面中部塌毁，窟群分为东、西崖两个部分。

走进麦积山，便可见红色的山崖高耸，一条条相互勾连的栈道在山崖的半山腰蜿蜒曲折，犹如几条盘旋的长龙扶摇直上，更像一幅刻画有象形文字的图画。栈道在几十米高的悬崖峭壁上连接着洞窟，雄伟而又奇特。抬头继续向上遥望，险峻的山顶上矗立着一簇簇青色的树木，枝杆笔直，凌空穿云，气势逼人。

栈道蜿蜒而上，规整有序。在山体一侧，龛窟密如峰房，大都依窟建檐，层层相叠，别有韵致地分布在整个陡峻的崖壁。壁立千仞的悬崖上洞窟雕像只能用空中的栈道相连，沙砾岩崖体本不易凿刻，所以很难想象那些古代的工匠们，怎样在如此陡峻的悬崖上上上下下用锤头开凿出成百上千的洞窟，向后人呈现出这精美绝伦的艺术瑰宝。如今，在麦积山这个宽 200 米，上下落差 60 米的垂直崖面上依然保存有近 200 个窟龛、1000 多平方米壁画、7000 多尊石雕造像、泥塑、石胎泥塑，先人们的创造总是让人心生敬佩。往返于栈道上，在巧妙的窟龛、崖阁、山楼之间穿行，那如梦似幻的场景，仿佛能感受到古人的虔诚与智慧。

在麦积山石窟群中最宏伟、最壮丽的一座建筑是第四窟上的七佛龛，又称七佛阁或散花楼。七佛龛距地高约 70 多米，位于东崖大佛的上方，是一座前廊后室的殿式结构，此建筑大约建于北周时期，带有明显的时代特色，雄浑壮丽。整体布局精妙，细节构件无不精雕细琢，是研究北朝木构建筑的重要资料。

如果说龙门和云冈石窟以石刻著称，莫高窟以壁画闻名，而麦积山石窟凭借丰富精美的泥塑闻名于世，有“东方雕塑馆”的美誉。麦积山石窟有泥塑、石胎泥塑、石雕造像 7800 多尊，造型各异，风格多样。从后秦的剽悍雄健、隋唐的丰满圆润、北魏的秀骨清俊到两宋的衣纹写实，虽经千百年的世事更替和岁月无情的剥蚀，每一尊佛像的神采仍然不减，那历经千年的微笑依旧是那样动人。绘在悬崖峭壁上的壁画别具一格，美轮美奂，画中人物轻盈优美的姿态给人飘飘欲仙之感，仿佛要把你带去永无喧嚣的仙境一般。

旅游小贴士

地理位置：甘肃省天水市

最佳时节：春秋季

开放时间：08:00 ~ 17:00

旅游景点：石窟、森林公园

七佛阁大约建于北周时期，是一座前廊后室的殿式结构的建筑。

造型优美的佛像雕刻，色彩明艳的泥塑。

栈道在几十米高的悬崖峭壁上连接着洞窟，雄伟而又奇特。

大召无量寺 召庙之首

大召无量寺又称大召寺，“大召”为蒙语，是“大庙”的意思，其原名为弘慈寺。经过清朝的重修以后，便有了“大召无量寺”一名，并一直沿用至今，然而除此之外，它还有一个名字“银佛寺”，源于寺中的银佛，此佛为释迦牟尼像，已有 400 多年的历史，乃是我国现存最大的银佛之一。

大召无量寺地处呼和浩特玉泉南面，隶属藏传佛教格鲁派，相传由蒙古土默特部落首领阿拉坦汗主持，建成于明朝万历八年（1580 年）。作为呼和浩特最古老的喇嘛教寺院，大召无量寺却不设活佛转世制度，据说是因为康熙皇帝来过这座寺庙，僧侣为表示对于皇帝的敬仰，因此取消了这一制度。

门额上的横匾四面浮雕黄龙，腾翻游走，张牙舞爪，气势威武不凡。

当地人常说“七大召、八大召、七十二个绵绵召”，可见呼和浩特的召庙非常之多，但是在明清召庙里独占鳌头的就数大召无量寺了。寺院朝南，楼宇殿阁布置有序，错落有致，牌楼、山门、天王殿、菩提过殿、大雄宝殿、藏经楼、东西配殿、厢房等构成主体建筑，呈现“伽蓝七堂式”布局。

矗立在山门前的牌楼三顶两肩，构造精妙，雕饰华美，朱红色的柱子挺拔笔直，左右各有一枚石碑，使人不得不驻足观赏，细细品味。来到玉泉井，可见一匹骏马雕塑，身形健硕，披挂金鞍，后蹄着地，前蹄腾空，如同刨地一般，这就是“御马刨泉”的纪念。相传康熙率军西征返回，路过呼和浩特时，暑热难当，士卒马匹口渴疲惫，仿佛佛祖显灵一般，御马刨出了一口泉。泉水盈盈清澈，汩汩涌动，细水长流，旺盛的生命力就像这个故事一样神秘，所以才有人赞其为“九边第一泉”。

金光闪烁，寺庙门额上的横匾四面浮雕黄龙，腾翻游走，张牙舞爪，气势威武不凡，中央蓝底上藏、蒙、汉 3 种文字书写，熠熠生辉。寺院中古松苍翠的树影在缭绕的香烟里静静站立，红色的柱子褪色的痕迹使人想起了流逝已久的年月，铜炉已经锈迹

旅游小贴士

地理位置：内蒙古自治区呼和浩特市

最佳时节：5 ~ 8月

开放时间：08:00 ~ 18:00

旅游景点：白塔、殿宇

三顶两肩式牌楼。

“御马刨泉”是大召无量寺著名的雕塑，御马后蹄着地，前蹄腾空，如同刨地一般。

⊙ 碑体上端刻有篆体“佛光普照”四字，下面行楷相间的“心诚则灵”。

斑驳。阳光移动，宫殿的影子渐渐遮盖起那些安静的角落，回廊从一旁绕过，转入了下一处院落。

天王殿、菩提过殿、大雄宝殿等建筑蔚为壮观，叫人赞叹不已。佛殿之中，金像在幽幽的烛光中泛着柔和的光芒，好像有一种空灵的感觉包围了身体，在这种肃穆的气氛里使人心境平静。院子深处的汉白玉石碑耸立，须弥座上碑体亮白，顶端双龙盘卧相对，拱抱篆体“佛光普照”四字，下面行楷相间的“心诚则灵”，中央是以画为字的一幅图，整体为“佛”字，细看局部又是一尊坐佛在焚香念经，妙不可言……

一排列阵的白塔在蓝天下亭亭玉立，塔座到塔身洁白无瑕，彩绘雕饰朴素美观，金色的塔尖璀璨如星，相连成一条线。离别的脚步总是走得太慢，人们都愿意回眸多看几眼。

⊙ 白塔塔身洁白无瑕，彩绘雕饰朴素美观。

湄洲岛妈祖庙 海上女神宫

在我国东南沿海，许多人信仰妈祖，这种古老的信仰与人们的日常劳作有关。这里的人们基本上都是渔民，所以海洋成为他们生存的依靠，但是大海的潮涨潮落，岂非人类可以控制，因此伟大的妈祖神便随着人们的期望诞生了。尽管这只是传说，或是古老的迷信思想，但是那凄美的故事却值得人们传诵。

据说妈祖原有其人，她是福建省莆田市的一位农家女，名唤林默，人称默娘，从她诞生那日起，仅仅活了 28 年，其间她多次援救海难中的人们，甚至点燃家中的草庐为迷失航线的船只指引方向。987 年九月初九，她在一次救助中不幸丧生，然而上天感念她的功德，将其列入仙班，每到海上出现狂风巨浪，她就会出现在云端，保佑出海船只。几百年来，沿海百姓建庙祭祀林默，规模宏大。

旅游小贴士

地理位置：福建省莆田市

最佳时节：春夏季

开放时间：（4 月 16 日至 10 月 15 日）08:00 ～ 17:30；（10 月 16 日至次年 4 月 15 日）08:30 ～ 17:00

旅游景点：牌坊、天后像、天后宫、摩崖石刻

天后宫。

石牌坊高耸，浅蓝的檐顶与天色相容，琉璃瓦色彩斑斓，古朴典雅。

摩崖石刻字如伞盖，笔法苍劲雄浑，飞走龙蛇，游客无不惊叹。

石阶中间游龙浮雕显露祥瑞，雕刻技艺高超，龙身鳞甲都能细细分辨。

湄洲妈祖庙作为当今世界上最古老的妈祖庙，像一位海上女神屹立在礁石上，眺望远方。每当清晨的曙光照在巍巍群楼上的时候，怒吼了一夜的潮声渐渐平复，渔船一只只出海，帆影点点，新的一天拉开帷幕，也许这一切平淡无奇，但是这就是人们一直追求的幸福。据说湄洲的妈祖庙最通灵性，有求必应，所以无论澳门，还是东南亚各国的人们都会经常赶到湄洲求福，特别是每年的九月初九，更是热闹非凡。带着寻找妈祖的心愿，踏上湄洲，蓝天上几抹淡云，沿途树木苍翠欲滴，不远处的石牌坊高耸，浅蓝的檐顶与天色相容，琉璃瓦色彩斑斓，正脊两端勾回，犹如展翅的大鹏，栩栩如生，檐下灰色方柱上接斗拱，古朴典雅。

山坡上林木映着巨石，树根扎进石缝中，防止狂风将其拔起。抬头仰望，青石上面巨大的摩崖石刻，引人注目，字如伞盖，笔法苍劲雄浑，飞走龙蛇，来往游客无不惊叹。天后宫前地势突然陡立，双狮守门，后面台阶斜刺向上，石阶中间游龙浮雕显露祥瑞，高台上面一座宝殿迎风傲立，正脊双龙腾跃，重檐梢头祥云纹饰飘摇浮动，檐下斗拱密密如织，廊柱一排笔直挺立，汉白玉石栏绕殿一周，美不胜收。

殿内一片光明，四面墙壁上浮雕彩绘，使人眼花缭乱。堂前雕花香案上摆着宝瓶、供果、香炉等，左右铜烛台上红烛极粗，后面内柱高耸，承接横梁，一对颂功楹联悬挂，金字熠熠生辉。殿内有横匾，下立一对盘龙柱，金龙正面向中央位置上的天后娘娘。跪在蒲团上，细细注视，只见天后娘娘凤冠霞帔，一袭彩装，双手合抱捧在胸前，那粉面朱唇之间既有母性的温良，又有菩萨的慈悲，宛若神人，一双眼睛望向海面，情系四方安危，令人暗自动容。

白云观 道教“天下第一丛林”

在我国，白云观并非只有一座，上海、陕西等地皆有，这里我们所说的白云观则位于北京市西便门外，其原名“天长观”，始建于唐朝玄宗年间，专为祭祀道教太上玄元皇帝老子所设。经过历代变迁，白云观饱经风霜，曾经多次被毁，最终得以重建。作为著名的道教圣地，白云观一直都充满着神秘色彩，令人向往。

金庸武侠小说《射雕英雄传》多次提到全真教，长春真人丘处机可以说是一位众所周知的人物，而他的徒弟尹志平则被小说丑化了许多。据说历史上的丘处机精通道术，深得玄机，曾深入草原面见过成吉思汗。等他返回京城后，便被赐居在了太极宫，也就是唐朝所建的“天长观”，成吉思汗还特意将其改名为了“长春宫”，以表敬意。后来由于连年战事，长春宫日渐衰败，丘处机羽化仙逝后，尹志平就以东院的处顺堂为基础，重新构建道观，同时将“长春宫”更名成“白云观”，一直沿用至今，因此北京白云观可以堪称道教全真第一丛林。

旅游小贴士

地理位置：北京市西城区

最佳时节：四季皆宜

开放时间：08:30 ~ 16:00

旅游景点：彩绘牌楼、山门、窝风桥、灵官殿、玉皇殿、老律堂

北京白云观布局紧凑，主要分成东、中、西三路和后院4部分。沿着牌匾中路，可以看到山门、窝风桥、三官殿、财神殿、老律堂、邱祖殿和三清四御殿等建筑依次排列，气势恢宏，使人叹为观止。步入道观，仿佛置身于天上神界一般，令人飘飘然，忘乎所以。

道家常说神仙都是“跳出三界外，不在五行中”，然而凡人难以企及，不过站在白云观的山门外，你也可以体验一回。白云观山门是3道石砌的拱门，象征着“三界”，据说跨过此门，便能够跳出“三界”，登入仙境。细看山门石壁，各种石刻图案美轮美奂，使人目不暇接，其中可见流云漫卷，花团锦簇，又有仙鹤起舞等。3道拱门中间一座东侧刻有一只石猴，略有手掌般大，浑身透着灵气，相传这只石猴就是神仙的化身，原来北京还曾流传“神仙本无踪，只留石猴在观中”，所以游人过山门时常常会摸摸石猴，沾沾灵气。

山门为3道石砌的拱门。

窝风桥的古迹早已不复存在了，现在的桥重筑于1988年。这座窝风桥拔地而起，纵贯南北，桥身单孔曲线优美，但是桥下却没有流水，十分奇怪。相传白云观外有座“甘雨桥”，人们为了凑成“风调雨顺”的祥瑞，就在观中建了这座“窝风桥”。不过有的人则认为这座桥应该叫“甘河桥”，因为王重阳曾经出游陕西时，途径甘河桥遇到了高人指点，后来才修道创立全真教，所以道教弟子建此桥作为纪念，而桥下无水，意为“干河”，象征“甘河”，更是匠心独具。众说纷纭，难以确认，隐隐地为这座桥蒙上了一层神秘的面纱。

山门石壁上的石猴。

王重阳创立全真教，门下英才辈出，邱处机、刘处玄、谭处端、马钰、王处一、郝大通、孙不二合称“全真七子”，更是威名显赫。白云观的七真殿里供奉着“全真七子”，7尊塑像仙风道骨，宛若仙人一般。清代王常月道士曾经奉旨在“七真殿”讲过道法，并传授戒律，所以七真殿又被称为“老律堂”，现在每逢道教的重要节日，这里依然会举行盛大的法会。与老律堂临近的是邱祖殿，“邱祖”即全真龙门派始祖长春真人邱处机。此殿颇有气势，足以显现真人的德操，殿堂上古树根雕的巨大“瘿钵”最引人瞩目。传闻此钵为雍正帝所赐，若白云观道士带着钵到皇宫进行募化，宫中必定给予资助……

重修的窝风桥。

白云观简单的一瞥，只能窥见冰山一角，那些尚未进入视野的角落里依旧隐藏着不为人知的秘密，等待远方的来客。

嘉应观 河南小故宫

滚滚黄河东逝水，浪花淘尽英雄。古往今来，黄河的干涸或泛滥都影响着华夏民族的发展，无论是三过家门而不入的大禹，还是历朝治理黄河水患的功臣，他们都将被载入青史，而嘉应观便是这最厚重的一页。作为我国历史上唯一记述治黄史的庙观，河南焦作市武陟县东南的嘉应观保存了大量的黄河史料，是黄河文化杰出代表。

古时候，大江大河里都有河神和龙王之说，黄河也不例外。嘉应观俗称庙宫，其实正是一座黄河龙王庙，其始建于 1723 年，经历 4 年完成，主要用于祭祀河神和封赏历代治水的功臣。据说清代康熙末年，黄河水灾严重，焦作市武陟境内曾 4 次决堤，甚至一度威胁到北京，因此雍正登基后，就立即开始重点治理黄河，嘉应观便是雍正御祭龙王时所建的行宫，建筑风格颇具故宫神韵，所以也有“河南小故宫”的美誉。

庄严美观的御碑亭。

中大殿气势恢宏，重檐殿顶上蓝色琉璃瓦光彩夺目。

嘉应观主要由南北两大院组成，东西跨院与之相配，整体布局对称和谐，沿中轴线出发，山门、御碑亭、中大殿、舜王阁等建筑依次排开，蔚为壮观。据说当年建造嘉应观的工匠都是从朝廷御匠里挑选出来的，他们出类拔萃，技艺精湛，因此嘉应观才能深得清代官式建筑的精髓。身处嘉应观，宫、庙、衙 3 种建筑特色皆可饱览，所以说嘉应观堪称建筑史上的真品，可谓是名副其实。

嘉应观里珍宝如云，御碑亭就是一件。远远看去，御碑亭兀立，庄严美观，宛如清朝时期的皇冠。檐顶呈扇形散开，细瓦密密铺排好像鱼鳞，阳光照射时，仿佛有波光闪动，檐下亭柱笔直挺立，环列一周。亭内的御碑更是堪比国宝，素有“中华第一铜碑”之美誉。此碑 4 米多高，由铁铸成，外包铜面，底部雕刻独角兽，碑身 24 条飞龙栩栩如生，使人叹为观止，碑体文字乃是雍正皇帝御笔亲题，富贵至极。

大王殿即中大殿，这里一直很神秘，大殿通常十分干净，不见蜘蛛结网，也不见虫鸟进入，因此民间百姓又称其为“无尘殿”，还传说大殿里藏有“避尘珠”，后来人们才发现原来是檀香木的天花板作用。殿上“钦赐润毓”金匾高高挂起，光艳夺目。据说匾上“润毓”二字是治理黄河都御史的封号，此人名牛钮，即雍正的皇叔，曾经在此主持嘉应观。大王殿内天花板上的 65 幅龙凤图举世罕见，绘图色彩明亮，龙凤呈祥，甚至有人将其和北京故宫太和殿顶的彩绘相比，可见其艺术造诣不凡。

轻轻叩响灵石碑，磬音传入禹王阁。大禹治水定九州，三过家门而不入，历来被人称颂，更是治水的典范，嘉应观因治理黄河而建，那么这里自然不可能缺少禹王阁。禹王阁庄严肃穆，与东西大殿并立，颇有表率之意。东西殿里供奉着历代的治河功臣，例如西汉贾让、东汉王景、元朝贾鲁、明朝“白大王”白英，清朝齐苏勒、嵇曾筠，以及民族英雄林则徐等。在这些历史伟人的背后都曾流传着关于治理黄河的故事，可歌可泣。也许嘉应观的一切都从此处诞生，一直映照千百年。

旅游小贴士

地理位置：河南省焦作市

最佳时节：四季皆宜

开放时间：08:30 ~ 19:30

旅游景点：御碑亭、前楼、中大殿、禹王阁等

芮城永乐宫 仙圣之地

永乐宫又名大纯阳万寿宫，地处山西芮城县北部，与陕西大荔县和河南灵宝市交界，北靠中条山，南面黄河水，自古以来就是一处风水宝地。据说周朝时期的古魏国就曾在此建都，真可谓是历史悠久，地灵人杰，甚至民间传说中“八仙”之一的吕洞宾也诞生在这里，永乐宫正是为祭祀这位仙家而建的。

吕洞宾的故事家喻户晓，相传世间原来真有其人，家住芮城永乐镇招贤里兴仁巷，原名为吕岩，字洞宾，道号纯阳子，后来遇高人指点成仙，从此普度众生。人们感念他的恩德，于是建立了“吕洞祠”。关于真人的事迹，历史上有过明确记载，可以进行考究，至于成仙只是民间传说而已。

永乐宫始建于元朝定宗时期，即1247年，当时以“吕洞祠”为基础，不断扩建，工期长达110多年，逐渐形成了一座规模庞大的道教建筑群。元朝末年，其正式更名为“大纯阳万寿宫”，因为受到朝廷的支持，永乐宫曾经盛极一时，在社会上影响很大。新中国成立后，由于三门峡水利枢纽工程建设的一些原因，永乐宫不得不从原来的永乐镇迁到现在的古魏国遗址处，尽管如此，这座600多年的艺术殿堂最终还是保存了下来。

旅游小贴士

地理位置：山西省芮城县

最佳时节：四季皆宜

开放时间：08:00 ~ 18:00

旅游景点：无极门、三清殿、纯阳殿、重阳殿

宫门。

三清殿又叫无极殿，单层殿顶平阔，檐角微微翘起，精巧美观。

历史沧桑，岁月无情，但是时间绝不可能摧毁永乐宫的魅力。作为我国仅存的一座较完整的元代建筑群，永乐宫变得尤为珍贵。永乐宫原建筑面积近 9 万平方米，曾是全真教的三大道观之一，宫殿气势恢宏，蔚为壮观，布局也十分讲究，占尽了风水天机。宫门后龙虎殿、三清殿、纯阳殿、重阳殿等建筑从南向北依次排开，展现了永乐宫瑶池仙阙一般的胜景。

墙壁的彩绘精妙绝伦，无论数量，还是艺术价值，都可谓是世间极品。

永乐宫宫殿带有明显的时代特色，元朝时民族融合，建筑风格上也出现了交汇的现象。永乐宫建筑布局相对比较疏朗，从而在殿阁之间留出了更多空地，清幽辽阔的感觉油然而生。三清殿、龙虎殿、纯阳殿和重阳殿这几座大殿气势恢宏，格外出众，屋檐下斗拱层层叠起，梁头四周彩绘简单，纹饰较少，因此观赏永乐宫的楼宇时，人们总会在宏伟中感受到一种古朴自然的美。

作为一处道家修行的圣地，永乐宫充满了灵秀仙气，所以它的魅力绝不会像外表看起来那么“简单”。宫殿里布满墙壁的彩绘精妙绝伦，无论数量，还是艺术价值，都可谓是世间极品，这就是永乐宫的内部乾坤。永乐宫壁画分别位于无极门、三清殿、纯阳殿和重阳殿中，估计上千平方米，其中三清殿壁画最为精美。三清殿壁画与永乐宫几乎同时产生，内容丰富，如青龙、白虎两星君在前开路，32 帝君为后卫，众仙家同去朝拜元始天尊的盛况，还有南极长生大帝、西王母等主神列位的巨幅，其中人物栩栩如生，惟妙惟肖。纯阳殿则以《纯阳帝君神游显化图》反映了吕洞宾从诞生开始，直到成仙的经过，壁画中元代时期的社会生活一一尽显，其对历史研究很有帮助。重阳殿壁画更多描绘的是全真教主王重阳的传记，也属于元代作品，同样具有很高的历史和艺术价值。

刺绣色彩明艳，精致美观。

大罗宫 天下第一道观

大罗宫是我国最大的道教建筑群，一直享有“天下第一道观”的美誉，其位于山西省介休市境内的绵山上，楼阁宫阙依靠狮子崖而建，凌空直上，蔚为壮观。道家神话中天界分成 36 重，最高一层名为大罗，大罗宫以“大罗”命名，自然是为了将其看作建在大罗天界的楼阁。

说起大罗宫，最迟也要追溯到春秋时期。据说当年介子推不愿做官，便和母亲隐居在了绵山，其间在此地看见了道家所说的“大罗仙境”，后来人们在山上建立大罗宫。此外大罗宫还与李唐有着很深的渊源，史料记载李渊父子曾在绵山胜过几场至关重要的战役，从而奠定大唐江山。相传唐朝武德二年（619 年），李渊之母身染怪病，久治不愈，此时琅琊云游道士上书李渊说，只有求玄坛真君赵公明相助才能消除此病，还能保李世民大破敌军。李渊按照道人所说一一行事，果真应验了。为了感恩，李渊命人塑造 5 座玄坛真君金身祭祀，其中一座就在大罗宫，甚至连他女儿也曾到此地修行学道。

牌坊依靠山崖，是大罗宫的入口的建筑。

楼阁宫阙依靠狮子崖而建，凌空直上，蔚为壮观。

传说真真假假，难以评说，但是唐高祖李渊的亲笔题字“古老神奇，大道绵山”，依旧还留在大罗宫里，使得那些故事更加扑朔迷离。唐玄宗李隆基曾专门亲临大罗宫巡视，并下旨派人重修大罗宫。从此之后，大罗宫可谓是名满天下，名噪一时，直到近代才在战火中渐渐破败。现在的大罗宫是在阎吉英先生等人的努力下重建的，整体风格突出，将现代技艺融入明清古建筑群，显得庄重而又典雅。大罗宫建筑面积共有 3 万平方米，气势磅礴，楼阁层层叠升，蔚为壮观，从 1 到 13 层，财神殿、救苦天尊殿、三清殿、星宿殿、斗姆殿、灵霄殿、药王殿、藏经阁等建筑耸入云端，宛如天上宫阙一般。

道教三清分别指玉清、上清、太清，是道教 3 位最高的神，他们掌管世间的一切万物。三清殿里供奉的便是“三清”诸神，通常人们又将其称作元始天尊、灵宝天尊、道德天尊，《封神榜》和《西游记》等古典文学作品中都曾提到。除此之外，天界神仙以及道教创始人张道陵，还有像葛仙翁、许旌阳、萨守坚等重要人物的雕塑环列“三清”之前，场面宏大，甚至连民间象征喜神、爱神的和合二仙也来凑热闹。

二十八星宿的故事众所周知，大罗宫星宿殿就是祭祀他们的地方。从古到今，天文科学中从来都不会缺少星宿，古代星相家对于天体运动等诸多研究可谓是博大精深，但是由于科学技术落后，很多地方都存在迷信思想，像占卜吉凶等。民间生活中，星宿也很常见，比如人们常说的青龙、白虎、朱雀、玄武四方神，用以镇宅测风水。尽管如此，但作为我国古国文化的一部分，同样需要尊重。

药王殿是清初大学者傅山修建的，用以祭祀尝百草救世人的神农炎帝，以及张仲景、华佗、扁鹊、孙思邈等历代名医。据说傅山建药王殿还有一段传奇，当年傅山的母亲得了重病，妻子产后无奶，他万分焦急。有一天他正在午睡之时，梦里突然出现一位仙人，指引他去绵山取水，才可解当下难处。醒来后，傅山便立刻按照仙人所说取来圣水为母亲和妻子服下，不到半晌，母亲病见好转，妻子也可下奶，于是傅山便立刻为大罗宫修建了这座药王庙。

旅游小贴士

地理位置：山西省晋中市

最佳时节：四季皆宜

开放时间：08:00 ~ 19:30

旅游景点：药王殿、星宿殿、灵霄殿、三清殿、五老君殿

蓬莱阁 海上仙境

在我国悠久的历史上产生了四大著名的楼阁："落霞与孤鹜齐飞，秋水共长天一色"的滕王阁；"日暮乡关何处是，烟波江上使人愁"的黄鹤楼；"先天下之忧而忧，后天下之乐而乐"的岳阳楼；还有一个因盛传求仙而闻名的蓬莱阁。相比其他3个因自然美景与览物之情的珠联璧合才得以传承于世的名楼，蓬莱阁略显单薄了些，但它那缥缈如仙的美丽风景，神秘动人的神话传说，却使它超脱于俗世之外成为神仙住所般的人间仙境。千百年来，蓬莱阁独居渤海之滨，黄海之畔，吸引着无数游人来此一饱眼福。

蓬莱阁坐落在蓬莱市城北海边的山崖上，高悬于大地之上，独立于尘世之外，仿佛神仙的居所。八仙过海的神话传说和秦始皇汉武帝访仙求药的故事，更是为这一方外之地抹上了一层神秘

蓬莱阁的牌坊最出名的就是戚氏牌坊，其分为两座，即母子节孝坊和父子总督坊，均位于戚继光祠南侧。

旅游小贴士

地理位置：山东省蓬莱市

最佳时节：7 ~ 9 月

开放时间：08:00 ~ 17:00

最佳美景：蓬莱阁、三清殿、吕祖殿、天后宫

蓬莱有 86 千米的海岸线，临近渤海和黄海，与日韩隔海相望，四周景色秀丽，古来常有“仙境”的美誉。

的色彩，“仙境”之称真是名副其实。此外“海市蜃楼”的奇特景观，变幻莫测，享誉海内外。

蓬莱阁的主体建筑建于北宋嘉裕六年（1061 年），后在明清时期进行扩建，使其更具规模。高 15 米的蓬莱阁雄踞于丹崖山巅，挺拔俊秀，坐北朝南的楼阁明廊环绕，供游人登高远眺，是观赏“海市蜃楼”奇异景观的最佳处所。在楼阁正中央高悬一块金字匾额，“蓬莱阁”3 个浑厚有力的大字为清代书法家铁保手书，左右两壁上挂有名人的题诗。

蓬莱阁附近重要的道教建筑主要有天后宫、三清殿、吕祖殿等。其中，天后宫是蓬莱阁附近的重要道教建筑之一，建于宋朝崇宁年间，前有显灵门，进门之后，可看到钟楼和鼓楼分立两边，中间则是一座坐南朝北的戏楼，是每年正月十六为庆贺天后娘娘圣诞演戏、祭神的场所。在戏楼的两侧，各有 3 尊赭色巨石，戏楼北则分布有天后娘娘前殿、正殿和寝殿。三清殿建于唐朝开元年间，是供奉道教最高天神的地方。其主建筑为前殿和正殿，其中，前殿殿门两侧塑有守门神像，正殿殿内有 14 根金柱。吕祖殿坐南朝北，其正殿为三开间硬山结构，殿内设有高台神龛，中祀吕洞宾坐像，左右为药童和柳树精像。正殿前明廊西端有一块“寿”字碑，碑上“寿”字为草书，笔势雄健，苍劲有力。

八仙群雕造型优雅，雕刻传神，生动地展现了道教文化中八大仙人的风采。

欣赏蓬莱阁最好是登上阁楼的高处，环顾四周，神山秀水尽收眼底。由于蓬莱阁濒临大海，有着得天独厚的地理环境，这里一年四季的景色各异，甚至在短短的一日之间景色也是变幻无穷。在清晨是观赏蓬莱日出的时刻，站在观澜亭上远远望去，云开日出，红日散发出万丈光芒，耀眼夺目。黄昏之际，夕阳晚照，和友人一起漫步在阁下看晚潮万顷，海面渔船点点，极富诗情画意。

世界和平锣是印尼政府在 2002 年铸成，两年后印尼世界和平委员会将其复制品赠给我国，加深了双方的友谊。

如今的蓬莱阁虽不再是帝王将相寻仙求药的向往之地，然而优美的山光水色和厚重的历史文化积淀使这个依山傍海的“山海名邦”著称于世，成为游人争相游览的胜地。

上海城隍庙 长江三大庙之一

上海城隍庙坐落于上海市最为繁华的城隍庙旅游区，是上海地区重要的道教宫观。城隍庙传说是三国时吴主孙皓所建，后在明朝永乐年间改建为城隍庙。在 600 年的历史上，城隍庙屡毁屡建，饱经沧桑，如今已成为上海著名的旅游景点，在国内外享有盛名。

在我国几乎每个稍大一些的古城中都会有城隍庙，庙里供奉的是古时人们认为的城市保护神。“城”即是城池；“隍”是干涸的护城河，“城”和“隍”都是城市重要的军事设备。虽然每个城隍庙里供奉的塑像不同，但都是当地历史上为城市做出过贡献的先贤。上海的城隍庙也不外如是。

旅游小贴士

地理位置：上海市黄浦区

最佳时节：四季皆宜

开放时间：07:00 ~ 22:00

旅游景点：元辰殿、财神殿、慈航殿、城隍殿、娘娘殿

“保障海域”匾额。

城隍庙高大的庙门上书着“保障海域”巨匾，是明嘉靖时期为了抵御倭寇海患，保障上海安全而制作，寄托了人们渴望城隍能够保护百姓安宁的愿望。庙门就是正门，迎面可见一副楹联“阳世之间积善作恶皆由你，阴曹地府古往今来放过谁”，直射眼眸，深入心灵。还有一副楹联“世事何须多计较，神天自有大乘除”，横批“不由人算”嵌在一个大算盘上，别出心裁，十分有趣。这些振聋发聩的言语正是对世人的严正告诫，做人必须诚诚恳恳、老老实实。

夜色降临，上海城隍庙在彩灯的照射下美轮美奂。

络绎不绝的人们向城隍敬献香火，因此整个道场时常香烟袅袅。城隍大殿在烟雾里时隐时现，殿内供奉金山神主即汉代博陆侯霍光大将军的塑像，左右为文武判官和巡查皂隶。大殿上方高悬“泰世和时”“牧化黎民”两幅匾额，门旁一副楹联“做个好人心正身安梦魂稳，行些善事天知地鉴鬼神钦”，寓意深刻。这座大殿于 1924 年被火所焚，从 1926 年重建至今，每逢节日，人们竞相前来拜祭。

上海城隍庙算盘做成的匾额十分奇特，妙趣横生。

上海城隍庙规模宏大，是一个由多个殿庙组成的建筑群，除了大殿，还有元辰殿、慈航殿、财神殿、城隍殿、娘娘殿、父母殿、文昌殿以及关圣殿。每个殿宇各有不同的功能，元辰殿是道教元辰神，是为祈求年年平安而建；慈航殿供奉治疗眼疾的眼母娘娘，保佑出海平安；财神殿顾名思义自然是供奉主掌功名利禄的文昌帝君；城隍殿是庙内最后一进大殿，内部供奉的是城隍神木雕像，仪仗威严。

木制古窗上雕刻纹饰繁多，古朴典雅、精巧美观。

城隍庙除了好看的还有好吃的。在城隍庙有很多老字号的餐馆和小吃店，在这里能吃到正宗的上海风味。此外每年的春节至元宵节，城隍庙都会举办新春灯会，沿街灯影迷离，光彩诱人，成为国家非物质文化遗产，吸引了无数游人。处于豫园商城中心的城隍庙，是上海市中国传统文化元素最丰富最集中的所在，每天来往的行人游客熙熙攘攘。如果来上海旅游观光，那么城隍庙是一个不得不去的地方，在闹市里欣赏古色古香的建筑，别有风味。

艾提尕尔清真寺 新疆最大的清真寺

艾提尕尔清真寺位于新疆维吾尔自治区喀什市，占地超过了1.7万平方米，是新疆最大的清真寺。这座寺院具有浓厚的民族特色，维吾尔族的许多文化都可以在这里看到，同时伊斯兰城堡式的建筑风格更使人着迷。

广场地势平坦开阔。

宣礼塔塔身笔直挺拔，上面绘有美丽的纹饰。

寺院坐北朝南，主要建筑有大门、宣礼塔、拱拜孜、教经堂、外殿、正殿，门前大广场地势平坦开阔。

曾经的艾提尕尔清真寺地处一片苇滩，喀什噶尔王沙克色孜·米尔扎埋葬在此，因此才建立了这座清真寺。经过后世的不断扩建和修缮，艾提尕尔清真寺才有今天的建筑规模。相传在1798年，古丽热娜在喀什噶尔不幸病逝，当时人们将她所遗留下来的大量遗产重新扩建了这座寺庙，从此人们将它称作“艾提尕尔”，这就是寺庙名字的由来。

正门是寺院的最具有标志性的建筑之一。晴空之下，艾提尕尔清真寺的大门巍巍矗立，宏伟壮丽。整座门都是用黄色的砖砌成的，远远望去，金灿灿一片，而墙壁上的砖缝则用白色的石膏填补，这样黄白对比之下，更显得朴素典雅。门前13级台阶层层抬升，直到大门口，两扇大门由木材制成，外部包裹铜皮。大门两侧高耸着宣礼塔台，塔身笔直挺拔，上面绘有美丽的纹饰，充满了民族风情和宗教色彩。

树木青翠，环境秀丽，清真寺的庭院里一片鸟语花香。院落中道路穿梭，有些小路用水磨石铺成，光滑平整，泛着柔和的光芒。大小不一的水池形状呈现长条形，池中水色潋滟，周围宫殿的倒影清晰可见，十分祥和。院落的南北两边分布着教经堂，规模宏大，蔚为壮观，细细数来有 24 座之多，紧密排列在一起。

艾提尕尔清真寺的正殿气势恢宏。这座大殿里建有两座大门，便于人们的出入，殿内 18 根柱子高高耸立，托起殿顶，十分壮观，使人叹服。在大殿的墙壁上还有壁龛和“米合拉普”，米合拉普就是墙壁上装饰的图案，一般制成圆拱形，精致漂亮。外殿位于正殿的两侧，同样庄严宏伟，122 根殿柱林立，墙壁上石龛众多，还有几道大门，其中有一扇通向后院，使得整个建筑连通成一个整体。

旅游小贴士

地理位置：新疆维吾尔自治区喀什市

最佳时节：四季皆宜

开放时间：08:00 ~ 18:00

旅游景点：教经堂、拱拜孜、宣礼塔

寺门正上方的彩色图案格外引人注目。

西什库教堂 京都天主教之首

北京人常说的“北堂”就是西什库教堂，坐落在北京市西城区西什库大街。它是一座充满了欧洲宗教建筑特色，又有中国传统建筑元素的天主教堂。曾经的西什库教堂闻名遐迩，更是天主教北京教区的核心教堂，从建筑规模和建造时间上讲，它都可谓是京都天主教堂之首。

西什库教堂始建于清朝康熙年间，即1693年，历经10多年时间才完成。据说当时法国传教士治愈了康熙的病，才得到了北京西安门内蚕池附近的土地来修建西什库教堂，因此西什库教堂原名叫作救世主教堂。但是康熙驾崩之后，雍正即位则开始下诏禁教，所以建筑工程就停了下来，原建筑甚至一度被拆除。直到八国联军侵华之后，清政府才将西什库教堂之地归还给了天主教，最终教堂得以建成。后来慈禧太后要扩大西苑的面积，西什库教堂才从蚕池迁到西什库大街。

⬆ 大门简单，门楼上耸立着一个大十字架。

这座教堂十分宏伟，占地面积近2200平方米，苍翠欲滴的树木围绕四周，更显得清秀美观。远远望去，教堂正面形如十字架，4 座高耸的塔尖离地面 31 米，顶部直指苍穹，犹如钢针一般，哥特式建筑的风格瞬间铺满双眼，宗教的神秘感也随之攀升到了极点。墙面上窗户形如玫瑰，雕刻精细，素雅美观，像嵌在石壁上的绘画，与之相配的尖拱券门同样引人注目，一派欧洲古典建筑的特色风光，常常让人不禁想起法国巴黎的巴黎圣母院。此外教堂入口处的圣者雕像也非同一般，在北京再也找不到第二处，所以堪称西什库教堂里的一对珍宝。教堂前方则是一片中国传统色彩，青色的石基上，一排汉白玉雕的栏杆环绕月台，左右两座古亭檐顶上四角攒尖微微上翘，琉璃瓦密密排开，色彩明艳，檐下亭柱笔直挺立，内有石碑，据说上面的文字曾是乾隆帝御笔题写的，十分珍贵。这两座中西方建筑对比鲜明，但又同在一处，彼此独立，又互有联系，可谓是妙趣横生。

至于西什库教堂内堂景象，可以毫不夸张地说，这是北京最辉煌的教堂。置身于大堂之中，36 根明柱林立，每根近 17 米高，从地面升向屋顶，柱头上松菜叶形的纹饰清秀漂亮，墙壁中的窗户上彩绘耀眼，借着金色的阳光，更加使人眼花缭乱。大堂正面耶稣主祭台占据主要位置，突出天主教主神至上的特点，圣母玛利亚和圣父若瑟的祭台依靠在两侧，与耶稣主祭台相衬。

西什库教堂并不是一座孤立的教堂建筑，而是一个庞大的宗教建筑群，除天主堂之外，还有很多设施，例如图书馆、后花园、印刷厂、孤儿院、医院等，所以说它带给人们的不仅仅是一座建筑的印象，而且还有浓浓的宗教生活的味道。当你走进西什库教堂，看到在这样的氛围里生活的人们，相信你一定会有很深的感触。

旅游小贴士

地理位置： 北京市西城区

最佳时节： 四季皆宜

开放时间： 05:00 ~ 18:00

旅游景点： 耶稣主祭台、满汉文天主堂碑、主教公署、修道院

大堂正面耶稣主祭台占据主要位置，突出天主教主神至上的特点。

西什库教堂内堂景象十分辉煌。

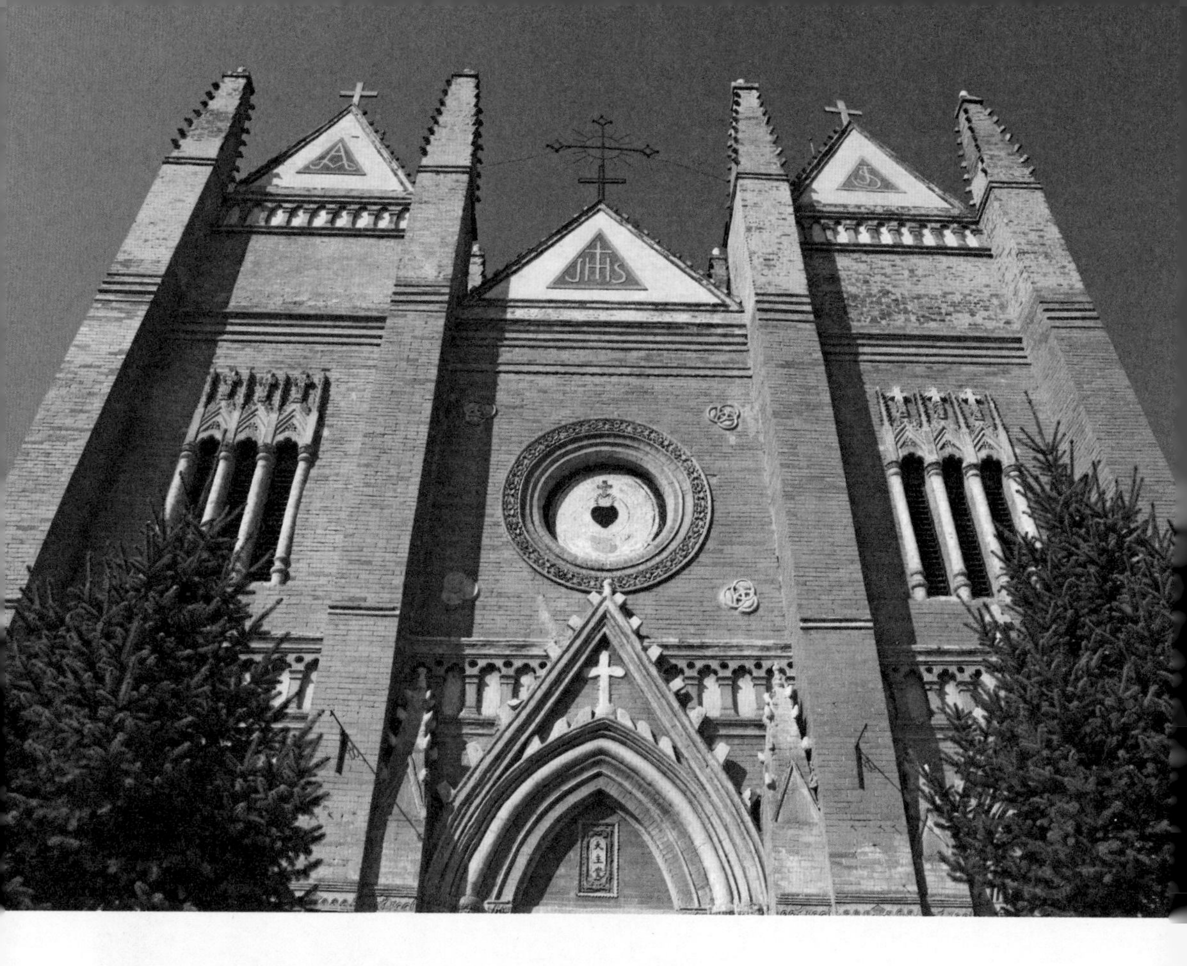

永宁天主教堂 小北堂

石门嵌在墙壁中，门框上部突出尖顶，庄严肃穆。

在北京市延庆县永宁镇坐落着一座天主教堂，它哥特式的建筑风格和青色的主体色彩吸引了很多慕名而来的观光者。因为其外形酷似北京市西城区的西什库教堂，即人们俗称的北堂，所以它被称为了“小北堂”。这座天主堂地处安静的城乡，是北京城区外保存最好的天主教堂，成为一处独立的信仰圣地。

从北京天主教区的年鉴记载中可知，永宁天主教堂建于1873年。在1900年6月22日被付之一炬，十分可惜。然而两年之后，在“庚子赔款”的补充和教堂的努力下，永宁天主教堂又等到了重建，规模也比之前增加了许多，又因为那时来此做礼拜的人数很多，所以产生了相当大的影响。

现在永宁天主教堂静静位于皇城之外，以一种独立的姿态，别样的风格面向世人。尽管曾经的繁华已经不在了，但是昔日的风采依旧令人赞叹。永宁天主教堂面朝南方，整体轮廓为一个长方形，占地面积 750 多平方米，正门、教堂、配房等建筑构成了主体框架，颇有气势。最受人关注的是它的布局，巴西胜卡式的安排使得整个建筑体系充满了异国风情，此外那种哥特复兴式的风格同样令人着迷，处处显露着神秘。

教堂院中十分清静，四周是中式的屋舍，中央一座耶稣像通体洁白。耶稣左手放在心口，右手指天，神情平和，一袭长袍更显得素雅。塑像底座上刻有“耶稣圣心，我信赖你”几个字，旁边是英文翻译“Jesus I trust in you！”。

永宁天主教堂青绿色的外墙在蓝天的映衬下显得更加秀丽挺拔。正面屋顶，分成 3 部分，沿中轴左右对称，但和其他的一些教堂屋顶相反，这里的中间部分低于两边。细细观看，可以发现两边均高耸着 4 根砖柱，并且围在四棱锥形屋顶的底部 4 个角上，很像摆放好的积木一样，中间部分则只有四棱锥形的尖顶，然而屋顶上的 3 处尖端都高举着一座十字架，从这里可以感觉到哥特式建筑的上升，以及宗教所宣扬的那种崇高。

永宁天主教堂内部纵深 26 米多，横宽近 14 米，宽敞明亮，廊柱林立平行排开，直指穹顶高处，颇有气势。一排排诵经或祷告时用的跪凳向大堂北边的祭台延伸，墙上高挂着耶稣的圣像，庄严而肃穆。

旅游小贴士

地理位置： 北京市延庆县

最佳时节： 四季皆宜

开放时间： 05:00 ~ 18:00

旅游景点： 南正门、西偏门和大教堂

教堂内部纵深 26 米多，横宽近 14 米，宽敞明亮。

教堂院中十分清静，四周是中式的屋舍，中央一座耶稣像。

王府井天主堂 八面槽教堂

大门由石材砌成，顶部形成拱券。

北京的王府井大街十分有名，除了热闹的街巷，还有宁静的教堂，那就是当地人人皆知的王府井天主堂。尽管这座教堂位于闹市之中，但是教堂神圣和庄严的形象依旧没有受到影响。作为北京四大天主教堂之一，王府井天主堂常被北京人称作东堂，或者圣若瑟堂等足以可见人们对它的熟悉。

说到王府井天主堂，自然不能忘记两位创建者——利类思和安文思。据记载，明末清初之时，意大利的利类思和葡萄牙的安文思两位传教士来中国传教，但是兵荒马乱，明清两朝战争不断，他们途经四川，遇上了当时入蜀作战的清兵，因此被捕押送到了北京。当时清朝对于洋人的政策宽松，他们因此有了差事，而且还受到了顺治皇帝的恩赐，所以他们利用自己的宅院和土地建了这座天主教堂。由于当时北京城里已经有了一座教堂，名为南堂，他们的教堂位于它的东边，因此人们就称其为东堂。王府井天主堂经历过清朝鼎盛的时期，但是嘉庆年间的火灾使它遭受了严重的损失。如今我们见到的教堂是 1904 年重新建立的，也有上百年的历史了。

夜色里的王府井天主堂更加庄严肃穆，并且带有一种神秘色彩。

现在的王府井天主堂面向西方，有朝圣之意，教堂呈现出来的罗马建筑风格吸引了无数的游人。从王府井大街的改造工程结束之后，天主教堂西边留出了一片广场。从弧形的拱门进入天主教堂的大院，整个布局一目了然。天主堂位于最中间位置，西边和南边建有教室，东面留出一处院落，其中分布花池、平房、楼房等建筑，这种简单的设计常常能给人带来一种清净素雅的感觉，据说神父就住在东边院落中。

天主堂是院中最主要的建筑，其占地近万平方米，位于一处青石基上，横宽有 25 米，颇具几分气势。3 座十字架高举在堂顶上端，极为醒目，位于中间的一座最高、最大，两侧偏小。十字架下是 3 座钟楼，时常有报时的钟声传出，余音不绝。大堂里面辉煌气派，18 根圆形砖柱笔直挺立，每一根柱子的直径足有 65 厘米，令人赞叹不已。除此之外，最吸引人的就是堂中墙壁上精美的油画，画面中线条流畅，笔法细腻，是极为难得的艺术品。

大堂里面辉煌气派，18 根圆形砖柱笔直挺立。

教堂向南的玫瑰园是一处欣赏花木的好地方。园中花卉、灌木、乔木等生长繁茂，绿意盎然，不过在这些花木之中，玫瑰才是主角。如果到了玫瑰开花的季节来到王府井天主教堂，那么整个玫瑰园里，芬芳扑鼻，姹紫嫣红，一片锦绣之色，美不胜收。

等到夜幕降临，华灯初上，王府井天主堂在霓虹的映照之下焕发出奇幻的光芒，显得更加神秘，和喧嚣的市井形成了鲜明的对比，这便是它永不落俗的气质。

旅游小贴士

地理位置： 北京市东城区

最佳时节： 四季皆宜

开放时间： 08:00 ~ 18:00

旅游景点： 广场、天主堂、玫瑰园

索菲亚教堂 冰城文化地标

⬆门前广场地势平坦开阔，是人们休闲的好地方。

“索菲亚”在希腊语中含有智慧的意思，是专属智慧女神的教堂。位于哈尔滨的索菲亚教堂是东亚地区最大的索菲亚教堂，典雅超俗、恢宏壮观，历经百年沧桑，依然在哈尔滨的繁华都市街头顽强屹立，成为这座城市不可或缺的风景与记忆，也是这座城市重要的文化地标。

索菲亚教堂原是沙俄在清朝时为当时驻扎的军队而建，是当时俄国著名建筑师建造，具有典型的西方宗教建筑的色彩。整个教堂建筑为木质构造，采用十字的布局，规模庞大。索菲亚教堂在建筑风格上集合了俄罗斯和罗马的建筑风格，有着圆形的穹顶和拱形长窗，很有特色。精美的造型，极富有艺术性的建筑风格紧紧吸引着游人的眼神。

在教堂的前后左右皆有门，以供人们出入，十分方便。正门的顶部是钟楼，听当地的老人说，每逢重要的宗教节日，钟声便会响起，悠扬的钟声回荡在哈尔滨城市的大街小巷。钟楼中共有 7 座铜钟，正好对应着 7 个音符，敲响钟声的是经过专门训练而成的敲钟人，在楼里来回飞荡的敲钟人如同空中的精灵，十分灵活。

教堂门框四周雕饰繁多，富有欧洲风韵。

当走进教堂北部时，就会有一种眼前一亮的感觉，内部装饰之精美华丽，令人震惊，4 个大帆拱卫起的大弯顶内绘有庞大而又精美的宗教图案，更是美轮美奂。拜占庭风格的穹顶结构构成了极为壮观的空间轮廓，同时也有一种豁然开朗之感迎面袭来，悠远、空旷。教堂的内部珍藏有许多宝贵的历史资料和图片，记录了哈尔滨的发展历程，历史遗迹，带你一起去体味城市的历史文脉，一起探访古老的街道、房屋、商店，了解风土人情和各式的建筑昔日的风情。

这座美丽的大教堂，这个哈尔滨城市的标志性建筑，曾历经坎坷，险些被毁。建国后的它虽历经动荡，却并没有消失，如今这座被抢救出来的教堂能够巍然屹立，不仅是它的幸运，也是我们的幸运。

风和日丽的午后，蔚蓝的天空下的索菲亚教堂一如既往的祥和宁静，周边广场上有洋溢着天真而又纯洁的笑脸、在嬉戏耍闹的孩子，也有坐在长椅上静静享受午后时光的老人或情侣，一群群洁白可爱的鸽子掠过头顶飞向教堂的四周。索菲亚教堂如同陷入了美梦一般，阳光下的它静谧而美好。金乌西沉，华灯初上，音乐喷泉伴随着欢快的旋律，在广场上空激情回荡，灯火辉煌的索菲亚教堂将是另一种模样。

旅游小贴士

地理位置：黑龙江省哈尔滨市

最佳时节：四季皆宜

开放时间：08:00 ~ 18:00

旅游景点：教堂外墙、内堂

石室圣心大教堂 远东圣殿

耶稣雕像双臂张开，矗立于主教府前面。

石室圣心大教堂屹立在中国广东省广州市中心，是一座拥有130多年历史的天主教建筑，素有“远东巴黎圣母院”之美称。作为广州最大的教堂，石室圣心大教堂备受瞩目，它凝结了法国设计师和中国工匠多年的心血。石室圣心大教堂不但是我国现存最宏伟的双尖塔哥特式建筑之一，更是东南亚最大的石结构天主教建筑。

据说法国传教士明稽章创建石室圣心大教堂时，曾经专门去见了拿破仑三世，并且得到了50万法郎的工程拨款，可见这位国王对于建造石室圣心大教堂十分重视。在明稽章的主持下，石室圣心大教堂从 1863 年开始破土动工，而开始的时间选在了 6 月 18 日圣心瞻礼日，可谓意义非凡，所以这座大教堂才称作“石室圣心大教堂”。教堂经历 25 年的营造，直到 1888 年才正式宣布完成。现在回首往事，百年岁月如一道长河一般，石室圣心大教堂在沧桑的历史中却越发挺拔庄严。

教堂总建筑面积原有 6000 多平方米，其中包括了教堂、医院、神学院、中小学校等主要建筑，然而现在只有 2700 多平方米，其中教堂、主教府、颐铎堂等得以保存下来。教堂前方有宽阔的广场，以及新建的商铺和民房等。教堂外部轮廓呈长方形，南北偏长，东西较短。正面 3 座石门十分美观，门上部弧线在最高处汇聚成一个尖顶。扶着高耸的石壁，慢慢行走，也许你可能会发现“JERUSALEM1863”“ROME1863”这样的文字，那就是建造圣心大教堂时留下的纪念。相传这些石壁里还有明稽章特意派人从罗马和耶路撒冷取来的“圣土”。

哥特式的建筑风格是石室圣心大教堂最大的亮点，那高耸入云的双钟楼尖塔，总让人想起巴黎圣母院里的神秘，也让人想起了敲钟人卡西莫多的悲剧故事。两座高塔之间，大钟楼相对较矮，楼上悬挂着一口大钟，钟身由铜铸成，声音洪亮，经常在很远的地方都能够听到，可能四周的人们早已经习惯了钟声报时的生活。

教堂内宽敞明亮，阳光从玻璃上透进来，整个厅堂里一片金光灿灿。从门口到祭台有一条过道，两边一排排的座椅整整齐齐，大堂四周洁白的墙壁从底部一直上升到殿顶，让人感觉到一种肃穆和庄严。仔细看教堂的玻璃窗，好像一枚一枚的宝石镶嵌在墙体中，玻璃上色彩明艳，布满了各种彩绘，画面中那些宗教人物生动传神，栩栩如生，仿佛在为每一位来这里的人讲述那些富有传奇性的神秘故事。

“JERUSALEM1863”“ROME1863”是建造圣心大教堂时留下的印记。

石室圣心大教堂最大的亮点就是哥特式的建筑风格。

旅游小贴士

地理位置：广东省广州市

最佳时节：四季皆宜

开放时间：08:00 ~ 17:30（节假日不休息）

旅游景点：教堂、主教府、颐铎堂

第三章

军事交通类建筑

长城 东方巨龙

烽火台是古代战争中的通信工具。

长城是中华民族悠久历史和精神的象征，犹如一条巨龙横卧在我国的北方。作为中国人一个久远不可磨灭的情结，它凝聚了中华民族的智慧和血汗，常被视为我们民族的脊梁。长城，又称“万里长城”，是我国古代在不同时期修筑的庞大的军事工程的统称。今天的长城多为明代修筑，它东起鸭绿江，西至甘肃省的嘉峪关，总长度为21196.18千米，分布在北京、天津、甘肃、辽宁等省、市、自治区。如今的长城已然失去了它的防御作用，但它却一如既往地屹立在崇山峻岭之间，成为一道壮丽的风景。

长城与群山相依相偎，又互为衬托，更显长城之雄伟，山势之险峻。举世闻名的八达岭长城开放最早，它位于北京市延庆县军都山关沟古道北口。毛泽东的一句“不到长城非好汉”，引来了无数参观八达岭长城的游人，甚至还有来中国访问的各国政要。八达岭长城盘桓在陡峭的山岭间，逶迤起伏，绵延不绝。那生生不息的野草伴随着长城，日出日落，云卷云舒，显得更加古朴沧桑。

水关长城起起伏伏，那里既有陡坡也有缓坡，最陡的坡度几乎垂直升降。在这里与其说是登长城，倒不如说是爬长城，游人必须借助旁边修建的铁栏杆，才能保证有接着攀爬的动力，而且还是手脚并用地扒着台阶一步一步往上挪。倘若偶尔回头望一望，就会有一种强烈的晕眩，如果抓不紧栏杆，只怕就会一个倒栽葱地摔下去。

当秋高气爽之际，登上长城，站在垛口处向远方瞭望，山峦连绵、跌宕起伏，雄浑刚劲，远山的红叶沙沙摇曳，满目红的、

旅游小贴士

地理位置：北京、天津、河北、山西、甘肃、青海等 15 个省区

最佳时节：秋季

开放时间：每一个景点的开放时间不尽相同

旅游景点：八达岭长城、古北口长城、司马台长城、慕田峪长城、金山岭长城

水关长城是八达岭长城中保存最坚固的一段。

坚固的古老城墙。

黄的、绿的，层林尽染，五彩斑斓，绘成了一幅灿烂无比的画卷，将我国这大好河山渲染得绚丽多姿，优美壮丽。看着沧桑的青灰石砖，嗅一嗅林木花草散发出的清香，阵阵秋风清爽怡人。倘若在登长城时遇上一次小雨，那情景就更妙了。原本熙熙攘攘的人群，可能会因为这场突如其来的降雨而返程归去，然而此刻四下里静悄悄，虫鸣鸟语也全消失了，只听见一声声的脚步声和重重的喘息声，还有那小雨沙沙相伴，一阵阵湿润的山风吹拂，一缕缕轻盈的云雾缥缈山间，这才是最真、最自然的时刻。

轻抚着古老的城墙，岁月的洗礼并没有让它褪色，它依然高大坚固，伟岸挺拔，不由地令人惊叹于我国古代劳动人民的伟大智慧，在没有任何现代化运输工具的情况下，却能将一块块重达两三千斤的条石，一步一个脚印地搬运到这崇山峻岭之上，不可思议。这就是一个千年古国展现在世人面前的坚韧和顽强，它深深地刻在我们每个中华儿女的骨子里。

“万里长城万里长，长城内外是故乡”，长城在绵延的万里山脉、广袤无垠的沙漠中，在湛蓝天空之下，历经千年风霜，却一直高昂着它那不屈的头颅，这就是我们民族的精神象征。

秋天的长城，层林尽染，别有一番风姿。

山海关 天下第一关

诗人陈志岁曾游山海关时，面对素有“天下第一关”“边郡之咽喉，京师之保障”之称的山海关，不禁发出了这样的感叹：“不再控山海，尚存雄伟城。几回摩冷堞，想象昔陈兵”。在丹东虎山未发现之前，山海关一直被视为明长城的最东端，与嘉峪关并立，成为长城上最具标志的历史丰碑。

山海关，又名榆关、渝关或临闾关，地处河北省，毗邻秦皇岛，是我国古代北方一处重要的长城防御屏障。山海关内关城和长城相连，此处长城绵延 26 千米，起伏变化，极为雄伟。关城则以“天下第一关”箭楼为主体，四周靖边楼、牧营楼、临闾楼、

临闾楼。

“天下第一关”箭楼。

瑞莲阁公园、瓮城等建筑作为辅衬，形成周长为 6 千米的城池，别具特色。关城与长城相互结合，整体上突出了山海关这座古城的军事作用，同样也表现出了它深厚的文化底蕴。

在历史的夹层里，山海关留下了浓墨重彩的一笔。从明朝洪武十四年（1381 年）朱元璋下令，中山王徐达便开始了选址和修建山海关，此后明清两朝都在这里有所投入，足可见其重要的战略意义。说起山海关的由来，还有一段至今流传的故事，据说当年奉旨建关的除了徐达，还有刘伯温。有一日徐达和刘伯温策马来到京北，勘探地形，不禁发现了燕山群峰起伏，渤海潮声阵阵，徐达连喊三声“好地方，好战场！”而刘伯温则不露声色，经过一番思忖，说道:“此处依山傍水，地势险要，既可建立关隘，又可易于居住，所以可建成城与城相连，楼和楼对望的布局……”，徐达听闻之后，赞叹不已，立即回京将其上报给了朝廷，朱元璋借燕山和渤海为此地取名为“山海关”，从而名扬四海。

关城和长城相连，此处长城绵延 26 千米，起伏变化，极为雄伟。

绵绵 600 年，旦夕弹指间。山海关关城巍巍如山，早已融入了这片土地，高耸的“天下第一关”箭楼犹如一面旗帜，依旧在风中飘扬。关城以城为关，城墙高达 14 米，7 米多厚，四面都有城门，其中东门最具有历史气息，“天下第一关”箭楼正位于此。远远望去，“天下第一关”箭楼歇山式的单檐屋顶凌空耸立，檐角四端瑞兽精巧美观，檐下除了西面，其余三面墙上 68 孔箭窗向外洞开，犹如眨动的眼睛一般。

箭楼之上，最引人瞩目的自然是正中高悬的“天下第一关”匾额，提起此匾，则必须说说萧显。相传明成化年间皇帝下旨要为山海关挂“天下第一关”匾，镇守山海关的兵部主事与部下商议，邀请年迈退休居住在附近的萧显来题字。然而一晃多日，主事多次催促，都不见动静，直到上级视察，迫在眉睫之时，萧显施展浑身本事，一挥而就。然而却发现一时情急，忘了“下”字的一点，眼见上级官员就快要到了，萧显急中生智，用桌布饱蘸墨汁，向已经挂上城楼的匾额奋力一掷，才有了后来总是被人津津乐道的“神来之笔”。

现在的关城，人们安居乐业，幸福祥和，靖边楼、牧营楼、临闾楼等古建筑巍巍矗立，街巷深处又是一处天地，长城博物馆里常常游人如织，历史的往事就这样一遍又一遍传递给后来的人。山海关沿着历史文化的遗迹不断地拓展，已经形成了以关城为主，包含“老龙头”“孟姜女庙”“角山”等六大景点在内的风景区。当你游遍关城名胜之后，还可以去角山观日出，去老龙头看海，或者到姜女庙前拜石等。总之，山海关永远都藏着山海一样的风景和故事，期待更多的人前来。

旅游小贴士

地理位置：河北省秦皇岛市

最佳时节：秋季

开放时间：旺季（4 ~ 11 月）07:00 ~ 17:30；淡季（12 ~ 3 月）07:30 ~ 17:00

旅游景点：天下第一关、老龙头、角山、靖边楼、临闾楼等

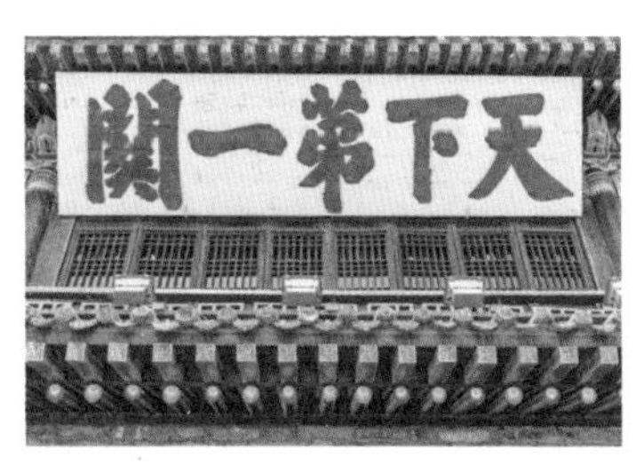

“天下第一关”匾额。

靖边楼是山海关城的标志性建筑，位于山海关城的东南角。

雁门关 天下险塞之首

雁门关坐落在山西省忻州市代县的雁门山，又称西陉关，和宁武关、偏关并称为“外三关”，向来有“天下九塞，雁门为首”“九塞尊崇第一关”等美誉，是长城之上著名的“险”关。雁门关沿恒山余脉雁门山、馒头山、草垛山等形成天然阻隔，峦峰对峙，犹如一扇门户，朝北望高原莽莽，向南看则是盆地，又有长城连接，可谓是“一夫当关，万夫莫开”，因而成为古代兵家的必争之地。

雁门关的历史最早可以追溯到战国时期，据史料记载，赵武灵王为了进行军事改革，不仅学习胡服骑射，同时还建立了云中、雁门、代郡等防御工事，所以才有了“奇才”李牧镇守雁门关，大破林胡的故事。汉代名将李广“飞将军”的名号可不是自封的，那是多次大胜匈奴后，外族胡人对他的敬称。据说当年李广担任雁门、云中太守时，有一次被捕，于是他佯装诈死，等到敌兵放

地利门是雁门关的西门，门楼为宋朝名将杨六郎祠。

松警惕后，从网兜里逃出，夺马而逃，收拾整顿残部，击退追兵，最终脱险回营，不禁让人想起那句名诗，“但使龙城飞将在，不教胡马渡阴山。”然而杀戮和对抗永远也解决不了问题，和平才是希望，王昭君的一生就是在诠释这句真理。汉元帝时期，王昭君远嫁匈奴，当时走过雁门关，频频回顾，但从此再也没能回归故土，然而这座带着民族仇恨的关隘却第一次被和平和喜庆铺满，王昭君舍得一身而成就大义的行为备受后人称颂，胡汉多达半个世纪的和睦正是最好的见证。

骆驼队雕塑是西域商人生活的真实写照，他们穿行在大漠，与骆驼为伴。

谈到雁门关最惊心动魄的历史，绝不能忘记一门忠烈的杨家将。宋辽交兵，烽烟再起，契丹人屡屡侵犯大宋边境，时任代州刺史兼三交驻泊兵马都部署的杨业多次以少数士卒大败敌兵，保卫了边关的安宁，使得辽人闻风丧胆，个个称呼杨业为“杨无敌”。但是在雁门关一役中，统帅潘美临阵脱逃，杨业及余部将领伤亡惨重，不幸被俘，然而他宁为玉碎不为瓦全，绝食而死，忠义报国，雁门关北口的“杨将军祠”就是后人为之所建的。相比父亲，杨六郎的故事更有传奇色彩，就如民谣所说“脚踏雁门关，手搬担子山，一箭射到大青山”。话说杨六郎率兵出雁门关，在担子山逼退敌兵，然而粮草将尽，不禁心生一计，命令士兵沿山修筑粮草堆，已成惊弓之鸟的敌兵看后，误以为宋兵备粮是要做死战的准备，便马上提出求和，杨六郎趁机问道：“退一马之地，还是退一箭之地？”辽使觉得一箭仅能射出几百米，一马能跑几千米，权衡之后选了退一箭之地，可惜杨家六郎早就在大青山的树上插好了箭，自己只是假装一射，等到敌人找到箭的时候，就只能退兵大青山了……

东门雁楼石匾额上醒目的“天险”二字。

听着古往今来英雄人物的传奇，踏上关城，遥望小北门，门头一副对联“三关冲要无双地，九塞尊崇第一关”，砖墙上便是“雁门关”。蓝天之下，东门雁楼石匾横额上“天险”二字格外醒目，与之相对的西门，又名“地利门”，上筑杨六郎庙。站在高处，俯瞰纪念李牧将军的“靖边寺”和西门外的关帝庙，偶有几只北归的大雁，仿佛古人犹在。这片土地永远都是中华民族的爱国教科书。

旅游小贴士

地理位置： 山西省忻州市代县

最佳时节： 春秋季

开放时间： 08:00 ~ 18:30

旅游景点： 猴岭长城、隘口、古关道、关城、地利门、六郎祠、天险门、雁楼

嘉峪关 边陲锁钥

穿越甘肃河西走廊，抵达最西端，被誉为“天下第一雄关”的嘉峪关便出现在世人眼中。作为明长城西端的重要关隘，嘉峪关与万里之外的山海关首尾相望，具有重要的战略意义。古代“丝绸之路”从此通过，嘉峪关同时又扮演了驿站的角色，东来西去的商人经常会在此歇脚过夜，所以它又是文明的交汇之地。

嘉峪关建于明洪武五年（1372 年），距今已有 600 多年的历史，自古以来就是兵家必争之重地，所以有“河西重镇”“边陲锁钥”之称。嘉峪关是万里长城最西段的起点，明长城西端最坚固的第一重关，更占据着古“丝绸之路”的交通要塞。巍巍雄关有着无可替代的军事作用，优越的地理位置更是占尽天时地利，是华夏最忠诚的守护者。

嘉峪关城墙高耸，墙头上设有防御工事。

嘉峪关，这座长城沿线最为宏伟，规模最大的关隘，已从初始的 2500 平方米，经过不断的扩建到现在面积已达到 3.35 万平方米。几千年来，它如同巨人般牢牢地守护着华夏子孙，守护着华夏大地，千年如一日，毫不松懈。

嘉峪关作为军事要塞，这里不仅有着坚不可摧的城墙，也有着最系统全面的军事防御体系。嘉峪关主要由内城、外城和城壕3道防线组成，防御严密，并且与长城连成一线，使其更加坚固。置身大西北的茫茫戈壁荒漠之中，举目望去，一望无际的黄色，使这座“天下雄关”嘉峪关与天地融为了一体。实际上，嘉峪关的城楼是用黄土经过夯实垒就，只有西侧的城墙用砖包裹，雄伟无比又坚固异常。来到嘉峪关的外城，映入眼帘的便是气势非凡的城门，大门正中刻着“嘉峪关”3个雄浑苍劲的大字，书写着它那睥睨天下的气概。大门上的城楼，巍然耸立，飞翘的檐角、坚实的门柱，宣扬着凌然不可侵犯的霸气。东西南北四面城墙将内城环抱其中，又与长城相连接，形成并守之势，使防守更加严密，无懈可击。

从外城可进入到如梯形般东窄西宽的内城，东有“光化门”，意为紫气东来，光华普照；西有“柔远门”，意为以怀柔而致远，安定西陲。内城墙上还建有阁楼、角楼、箭楼、闸门等14座防御工事，内城里还保存有游击将军府、文昌阁、井亭。嘉峪关的关城几乎完好如初，是众多关城中现存最为完整的一座。嘉峪关矗立于大漠边缘，在那广漠无垠的沙海中，更显其雄壮非凡。从城楼上望去，绵延万里的长城如同一条巨龙在黄海中遨游，阵阵清脆悠扬的驼铃声从远处传来，仿佛可以看到那“丝绸之路”上来自遥远国度的驼商，引人无限遐想。

清代林则徐被贬新疆，途经嘉峪关，为其雄伟气势所感，写下“严关百尺界天西，万里征人驻马蹄。飞阁遥连秦树直，缭垣斜压陇云低。天山巉削摩肩立，瀚海苍茫入望迷。谁道崤函千古险，回看只见一丸泥。”极力赞美其雄壮威严。关西门外百余米处，有一碑上书写着“天下雄关”4个大字，是当时的边境总兵经过嘉峪关时所写。由此可见，嘉峪关备受历代仁人志士所推崇。

嘉峪关规模宏大，修建时耗费巨大的人力物力，尤其是在那个全靠劳动人民双手的年代，演绎出一段段动人的传说。相传有一位建造工匠易开占很擅长计数算法，他计算嘉峪关用砖数量需要99999块砖。竣工后，却多出一块，于是将其放在了西翁城门楼后檐台上。监事管知道后，便要处罚他，易开占却说：“此乃神仙所放，为定城砖，如搬动，城楼便会坍塌。”所以至今仍在此处安放。

时间匆匆如同弹指一挥，历经百年沧桑巨变的嘉峪关已非当年可比，但是历史的积淀却为它增添更多的神秘，吸引众多的游客慕名而来，一睹它的庄严。

旅游小贴士

地理位置：甘肃省嘉峪关市

最佳时节：四季皆宜

开放时间：08:30～18:00

旅游景点：戏台、文昌阁、游击将军府

嘉峪关东闸门，上有“天下雄关”匾额。

嘉峪关关楼是一座三层建筑，主要用于防御，可以从高处侦察敌情。

碑亭中是“天下雄关”碑，上面的字迹因为年深日久已经看不清了。

张壁古堡 古代袖珍城堡

张壁村位于山西省介休市，又称作“张壁古堡”，海拔1040米，周圆1300米，面积仅约12万平方米，是罕见的袖珍古堡。古堡有着1500多年的历史，充分利用地势，依山退避，易守难攻，在地上和地下修建了一个巨大的、完整的、功能齐全的城堡式军事防御系统，是我国现存较为完好的一座融古堡地道、宫殿庙宇、军事宗教、民俗历史为一体的城堡式建筑。

对于很多人来说，张壁古堡是个陌生的名字，它或许不如气势恢宏的古建筑群，或许不如声名远播的王家大院、乔家大院，但却拥有自己的特色。如今的张壁是世界上罕见的保存较好的袖珍城堡，在它仅有的0.2平方千米的面积上各项城市功能齐备，这并不单单是一个军事堡垒。在军事防御的基础上，充分运用传统的风水理论建造城堡，南北方向不在一条直线上的两座城门就是最好的例证。

匾额横挂在梁头上，不仅是一种文化装饰，也是一种身份的象征。

古堡中所有的路口都是“丁”字形，这是和其他城镇不同的地方。特别是城堡的主要街道龙街，它与各个街巷相交都是构成丁字形结构，或许是为巷战布局的。街道两侧是古色古香的店铺和高低错落的民居，其中还有几座不大的寺庙静静伫立，琉璃碧瓦，金碧辉煌，成为古堡不可多得的景色。在张壁古堡至今还保留着许多其他古城中已经消失的建筑，例如隋唐时期的里坊、各个里坊的唯一出口——巷门等，这些都是张壁古堡的独特之处，也为研究古代城市布局提供了极好的范例。同时这些里坊构成了一个封闭的区域，形成完备的防御体系，既能各自为战，又能够在战争中相互呼应。

作为一座古堡，除了地面上坚固的建筑，地下也是防御的重点。张壁古堡就因“古庙神佛异，明堡暗道奇”名闻天下。在袖珍小巧的张壁，地下是另外一番景象，那如谜一般的通道让人惊叹。弯弯曲曲的地道连通古堡各处，气孔可供空气流通，竖井可供士兵进出地道，还可设下陷阱、传递信息，是古堡与地道的重要连接。由这样独特的地道建造可见当时张壁战争的频繁以及张壁地理位置的重要。

随着脚步的延伸，将军指挥所、马厩、穿孔通信设施、饮水、排水、粮仓、暗杀机关等建筑分布在城内。来到堡内的最低处，距离地面有 20 米，从正上方的天井仰望天空，天空仿佛在旋转，一下子又好像变得更加遥不可及了。这条幽深而神秘的地道宛如一座小型的城池，与地面完整的古堡相映生辉，真可谓是“地上明堡，地下暗道”。

在张壁并不只有单一的军事建筑，宗教寺观也是一大特色，这也和战争有关。如今现存的寺庙殿宇有 16 座之多，三大士殿、真武殿、二郎庙等分布在古堡的各处，而且大多都距城墙很近，或许是方便祭祀吧！这些宫殿的建造花费了众多的物力和钱财，各个建造得金碧辉煌，成为当地人们对幸福生活祈祷平安的地方，也是人们缅怀在战争中牺牲的战士之所。正是战争的残酷才会让人们有如此强烈的期盼。

移步街巷，走在张壁村里，那斑驳不堪、凹凸不平的石板路上，村民们和以往那样，或肩上扛着锄头，或推着板车，或赶着牲口，他们爽朗地笑着，偶尔喊上两嗓子，这样的淳朴在喧嚣的城市里是见不到的。忽然之间，就会有一种回归自然的冲动，眼前浮现出“采菊东篱下，悠然见南山”的画面。在历史长河中起起伏伏的张壁古堡历经朝代的兴衰，积淀了非常深厚的文化底蕴，成为一本记录血与火的史书。当打开这本沉重的大书，上面记载着一篇篇惊心动魄的故事，细细读之，感慨万千。

旅游小贴士

地理位置：山西省介休市

最佳时节：四季皆宜

开放时间：全天开放

旅游景点：空王佛行宫、古地道

古堡地道口。

宗教寺观建筑屋檐上的砖雕彩塑是张壁古堡的一大特色。

古色古香的民居。

西安城墙 古都记忆

西安是我国四大古都之一，历史悠久，名胜古迹众多，城墙作为古都的第一道风景，为世人再现了它古老的风采。西安城墙位于陕西省西安市中心，它不但是西安市的标志性建筑之一，而且更是我国现存规模最大、保存最完整的古代城垣。西安城墙修建于隋唐时期，但经历朝代变迁，损毁严重，现在我们看到的城墙主要是明朝所建。

城楼是西安市标志性建筑之一，象征着古城曾经辉煌的历史。

“迈步城墙上，思回秦汉唐”，李祚忠的这句诗可谓是道出了每一位踏上西安城墙的游客内心的真情实感。西安城墙整体呈现为矩形，环行一周能走近 14 千米，墙体横截面为上宽 12 ~ 14 米、底宽 15 ~ 18 米、高 12 米的梯形，这样使得城墙更加稳固，足以抵御外部攻击。站立城头，顶上道路笔直开阔，两旁女墙起起伏伏，墙内侧古城区古风浓郁，城外现代化的高楼大厦林立，对比鲜明。

流水绕长安，沿河斜柳依依。护城河作为古城重要的防御屏障，至关重要，尽管如今已经没有以前的功用，但是这处风景却不能被忽视。护城河上架有吊桥，吊桥直通城门，这是古代进城的唯一途径。古代常用城池来代指一座城市，这里的“池”即护城河，而“城”便是城墙。城墙作为西安古城的重要防御，历代受到重视，三重城楼足以说明问题。入城门时第一座楼名为闸楼，主要负责升降吊桥。第二重楼位于闸楼之后，称作箭楼，专门是设置箭弩工事的地方，箭楼正面和两侧的墙体上留出很多方孔，便于射箭。最里层才是正楼，从楼下正门可以进入城中，而箭楼与正楼之间的瓮城用于屯兵，这是古城的最后一道防线。西安城墙主要有 4 座城门，依次为长乐门、安定门、永宁门、安远门，取义“长安永安”，其分别位于东西南北 4 个方位，因此古代也曾以“青龙、白虎、朱雀、玄武”命名，然而民国至今已经重新开辟了 16 座城门利于通行。

虽然永宁门早已经成为历史的遗迹，但是其历史价值不容小觑。作为西安城门中最古老的一座，永宁门可谓是千载丰碑。自

护城河早已失去了原来的作用，但是潺潺流水，围绕着古城，又是一种别样的风光。

箭楼。

夜幕降临，华灯初上，永宁门在闪烁的霓虹里变幻出新的色彩。

旅游小贴士

地理位置：陕西省西安市

最佳时节：春季

开放时间：08:00 ~ 22:00

旅游景点：永宁门、安远门、长乐门、安定门、城楼、闸梯、箭楼、魁星楼

魁星楼是西安城墙中唯一和军事无关的建筑。

从隋朝初年建立开始，直到唐代被辟为南门，沿用至明朝之后，才改名叫作永宁门。西安城门复原时，永宁门也是最完整的一座，因此这座千年文物能够保留至今，实属不易。

长乐门位于西安城东边，所以也称为东门。话说李自成带兵从东门攻破西安时，看到城头上“长乐门”的牌匾，不禁怒火中烧，对身旁将士说“要是皇帝都长乐了，百姓就得长苦”，所以士卒纵火烧了这座城楼。张学良将军在“西安事变”时期，在这里组建教导队和学兵队，弘扬救国精神，留下了一段佳话。

说到中山门，不能忘了冯玉祥将军。据说 1927 年，冯玉祥将军驻军西安，为了纪念辞世的孙中山先生，便开辟了今日的中山门。后来冯将军要领兵东征，不得不离开西安，当时就是从中山门出发的。为了这次战役的胜利，冯将军还把中山门两侧的两个门洞，命名为了“东征门”和“凯旋门”。将军离开陕西后，南征北战，曾在凯旋门前说要等到胜利重回西安的夙愿再也未能实现。

西安城墙中唯一和军事无关的建筑位于文昌门楼上，即魁星楼。古代仕子十年寒窗，只为一朝中第，所以魁星就成了他们心目中的神明，据说谁要是能被这位“文曲星”的朱笔点中，那么就能在考试中思如泉涌，甚至连中三元，高中状元。现在还有许多家长带着即将高考的孩子去魁星楼参拜文曲星，祈求孩子们高考顺顺利利。

东门长乐门。

平遥古城 晋中古韵

平遥古城位于山西省中部，黄土高原东部的太原盆地西南，是我国境内保存完整的明清古代县城的原型。平遥古城是国家历史文化名城，也是世界文化遗产之一，它是目前我国唯一以整座古城申报世界文化遗产而获得成功的古县城。其与云南丽江古城、四川阆中古城、安徽歙县古城并称为中国现存保存最为完好的“四大古城”。尽管历经百年风霜，但是平遥古城依旧巍巍矗立，而且正在向世人展示一幅晋中古城的历史、文化、社会、经济的壮丽画卷。

旅游小贴士

地理位置：山西省晋中市

最佳时节：四季皆宜

开放时间：全天开放

最佳美景：平遥三宝、镇国寺、双林寺、平遥县衙、日升昌票号

平遥古城始建于周宣王时期，是西周大将军尹吉甫驻军于此而建。明朝初年，为了防御外族南扰，开始建造城墙。洪武三年（1370 年），在旧墙垣基础上进行了重筑扩修，并全面包砖。此后景泰、正德、嘉靖、隆庆和万利各代对其又进行过大大小小约 10 次的补修，并将城楼更新，增设了敌台。到了康熙四十三年（1704 年），修筑了四面大成楼，使得城池更加壮观了。

宏伟的古老城墙，远远便可见其壮观的气势，行走其上，抚摸的是风雨侵蚀的痕迹，感受的是历史的厚重，眺望的是满城古色，大大小小的建筑有条不紊地排列在一起，蔚为壮观。进入城中，寺庙、县衙、店铺、民居等古老而沧桑的建筑徐徐展开，喧嚣与热闹的现代气息和充满古韵的建筑相得益彰。历经沧桑变迁而不衰的古建筑是平遥古城的精髓，如历史悠久的文庙、被辟为博物馆的清虚观、增强防御能力的 4 座城楼……

古城内诞生的日升昌票号是“全国第一家票号”，位于号称“大清金融第一街”的西大街，以“汇通天下”通行于世，曾经盛极一时，其分号遍布全国各地，甚至延伸到国外，堪称当时清王朝

宏伟的古城墙气势壮观，行走其上，便可感受到历史的厚重。

县署是平遥县的官府所在地，位于平遥古城的中心位置。

的经济命脉。如今尽管“汇通天下”的匾额已不复昔日的光鲜亮丽，但它仍是民族银行业开始的标志，是一个辉煌时代的见证。

平遥还保存有600多年历史的古代衙门，这里评判过无数的案子，是为百姓主持公平正义的地方。作为四大古衙之一的平遥县署开始建造于北魏，直到明清时期才定型，同时在我国也是现存规模最大的古衙。对称的布局、错落有致的结构使这座县衙庄严肃穆，又精致巧妙。

除了古老的建筑，平遥还有浓重的乡土文化底蕴。用竹木和彩绸编制而成的彩舫常用于民俗表演，一人盘坐船中，一人持桨扮船夫向前划动，如同在路上行船，生动而有趣。还有技艺高超的踩高跷表演，他们既可以踩着高跷下软腰，还可以凌空跳过设置的障碍物，更精彩的还有《白蛇传》《唐僧取经》节目表演等，花样繁多的表演令人叹为观止。此外壮观的龙灯演出也不能错过，形象逼真的龙灯，内部放置有蜡烛，在鼓声配乐的伴奏下，蜿蜒游动，灵活自如，夜幕中灯火辉煌，愈发威武。

有人说，平遥古城就像一本古书，里面记载了无数的历史沧桑和变故，它把曾经的沧海桑田、历史风云刻进了字里行间，使人在浑然不觉间就已身处历史的浪潮之中。它从遥远的历史中走来，不再平凡，不再遥远，带着悠悠的古韵，使来到平遥的人们渐渐地迷失在了厚重的城墙背后的前朝往事里。

古城城楼。

榆林古城 九边要塞

榆林古城又称驼城，是著名的沙漠古城，素有“塞上明珠”之称，1986 年被命名为“中国历史文化名城”。榆林的建造有其特殊的地理和历史原因。榆林地处黄土高原和内蒙古草原的交界处，也是我国农耕区和游牧区的结合部，因此成为抵抗北方游牧民族南侵的第一站，同时也是万里长城上一个极其重要的军事重镇。榆林古城地势险要，依山傍水，东有驼峰，南临榆水，西靠榆溪，北连红石峡，明代被列为九边重镇之一的延绥镇驻地。

城墙上青草翠绿，装点出新的风采。

据《榆林府志》记载：当时的榆林城“城座不过百矩”，为了抵御北方蒙古军队的大规模入侵，明朝开始兴建榆林城。

历史上的榆林城经历过 3 次大规模的扩建。第一次是在明成化二十二年（1486 年），古城开始向北部发展，一直延至今上帝庙一带，如今称为北城；第二次，弘治年间，当时的巡抚将南部的城墙扩展至凯歌楼，俗称中城；第三次，正德年间当时的掌管者将古城推至阳河畔，兴建关外城，被称为南城。此后的几百年里，榆林又经过多次拓建和修缮，规模愈加完善，城墙愈加坚固。现在看到的榆林规模庞大，气势磅礴，有着军事重镇的规整和高大，每一环节都体现着军事保护的作用。

古老而独特的榆林孕育着不一样的西部风貌。在榆林现存的明清建筑中，“北台南塔中古城，六楼骑街天下名”中的“北台”是榆林古城的重要标志。“北台”指榆林城北被誉为“万里长城第一台”的镇北台。镇北台是明代长城遗址中现存规模最大、最为雄伟的建筑物，有着我国长城“三大奇观之一”的美誉。方形的镇北台有 30 多米高，共分为 4 层，全部都是用青石砖堆砌而成。在台外还有一个两米多高由砖石砌就而成的高塔，这实际上是专用的瞭望塔。镇北台的第一层是当时驻守的将军和士兵居住的房屋，如今只留下厚重的基座。台下还有一个方形的小城，被称为贡城，是双方官员交涉的场所。

“南塔”即为凌霄塔。原是建于明朝中期的榆阳寺中的佛塔，后来寺庙被毁坏，只剩下孤零零的凌霄塔得以保存。佛塔高 43 米，共有 13 层，是一座八角的楼阁形建筑。佛塔立于周长近 40 米的基座上，全部由砖石堆砌而成，有着精美的砖雕刻画，楼阁飞檐斗拱，每层八角都挂有风铃，当清风吹起时清脆响声如同奏乐。巍峨的佛塔精美绝伦，站在顶上可以俯瞰整个榆林古城。

榆林古城中的“六楼”也颇有名望，这些建筑物从南门沿中轴线延伸至北门，分别为：四方台、万佛楼、新明楼、钟楼、凯歌楼和鼓楼。这些古楼阁有着共同的特点就是底部中空，下面可以通过车辆和行人，故有“六楼骑街”的美名。

陕北的传统建筑，多是窑洞为原型，只有榆林，拥有数量众多的四合院。自明代中叶以来，榆林是九边重镇和西北地区的中心城市，文官武将、边商富贾云集于此，建造规整富有内涵的四合院就成为这些人的居住之所。现在保存较好的四合院主要是明清两代贺氏、吕氏、崔氏 3 位总兵的宅第。

千百年来，不少来到榆林古城的文人墨客都会留下诗赋，来抒发对这座边关古城的感慨之情，现在捧着那些诗赋读来，金戈铁马的场面仿佛又一次在眼前重现。榆林，这个终年与黄沙、战争相伴的边塞，书写了一部鲜血斑斓的边塞史，是中国古代历史上充满悲壮和艰苦的一段。

旅游小贴士

地理位置：陕西省榆林市

最佳时节：四季皆宜

开放时间：08:00 ~ 18:00

旅游景点：南城、镇北台、四方台、凌霄塔、镇远门、“六楼”

镇北台是明长城上最为宏伟的建筑之一，素有“万里长城第一台”的美称。

万佛楼。

钟楼。

崇武古城 天然影棚

崇武古城是一座海疆要塞，是我国万里海疆中现存的保存最为完整的巨大古城。崇武古城位于福建省泉州市凸入海边的部分，是明朝初年为了抵御倭寇而建的石城。此外，崇武古城不仅有着高大的古城墙，还有着风景优美的海滩风光，素有“天然影棚”“南方北戴河”之称。

崇武古城最具特色的地方莫过于石头、惠安女和海岸。漫步古城，可以看到巍峨雄浑的古城建筑，技艺精湛的石雕，还有那风情万种的惠安女子。此外还有奇幻迷人的壮观海景和异彩纷呈的民间习俗，这些数不尽的美景充分展示了崇武古城深厚的历史文化积淀和秀丽迷人的自然风光。

崇武海岸被誉为“我国八大最美海岸线”之一。

“崇武”就是“崇尚武备”的意思，军事作用是古城建造的目的与标准。对于崇武古城来说，石头是古城的灵魂，整个古城雄伟的城墙全部由白色坚硬的岩石精心垒砌而成。置身古城，石砌台阶一级一级缓缓向上，花岗岩构筑的古城墙巍峨雄壮，不愧为军事古城。站在城墙边上，俯瞰这个因建筑工艺而被称为“古代系统工程的案例”的海岸古城，在几百年的沧桑历史中，这里多次发生战火，就是凭借高大坚固的石城才有了古城的安定和安稳。

登上斑驳的古城墙，有些脱落的古墙散发着沧桑久远的气息，让人感受到昔日这里的金戈铁马。古城中城墙加上地基高有 12 米，宽 4 米，全部长度为 2500 多米，宽阔的城墙上面能够跑马，每一个拐角处都设有观敌台，加上四方各有一处厚厚的城门，构成了一套非常完备的防御体系。如今，城墙斑驳虽然已经丧失了昔日的功能，但是却成为崇武的标志。

古城墙南侧的“中华石雕工艺博览园”是一处荟萃石雕精品的主题公园。园内收藏的石雕风格多样，类型丰富，其中以惠安当地风格为主的雕塑为最多，有着“中华一绝”的美称。这些雕塑都是不同艺术家单独或合作完成，石雕造型各异，有的巨大无比，有的小巧精致，造型生动，活灵活现，让人目不暇接。络绎不绝的游人漫步其中，看着这些石雕不禁赞叹，崇武古城不愧为“中国石雕之乡”。

城中小巷众多，常常能遇到头戴黄色玲珑斗笠的女子，她们身穿蓝色斜襟衫，露出肚脐的腰间佩着银腰链，下面宽大飘逸的低腰黑裤，灵动又活泼。正是这种别具一格，俗称“封建头、民主肚、节约衣、浪费裤”的服饰为惠安的女性增添了更多娇美，也为这座历史悠久的古城风光增添了几分别样的魅力。

站在城墙上，被誉为“中国八大最美海岸线”之一的崇武海岸映入眼帘。举目远眺，远处海面水波漾漾，渔船点点，正是“沧溟万里平如掌，蓬岛相携驾鹤游”。崇武海岸连接着“南方北戴河”——半月湾、“西沙银蛇”——西沙湾、“八闽第一金滩”——青山湾等顶级度假胜地，备受游人青睐。

旅游小贴士

地理位置：福建省泉州市

最佳时节：四季皆宜

开放时间：07:00 ~ 19:00

旅游景点：古城墙、惠安石雕、崇武海岸

三国人物群雕颇具规模，雕刻精美，仿佛一场三国群英会。

崇武古城面向海岸，矗立在高处，气势不凡。

兴城古城 四大明代古城之一

督师府位于古城春和街，由袁崇焕建于明朝末年。

兴城古城是明朝末年关外的第一军事重镇，有着庞大而完整的军事防御体系。古城位于辽宁省兴城市老城区中心，是我国现存保存得最为完整的 4 座明代古城之一。古城始建于明宣德三年（1428 年），为宁远卫城，清朝时改称宁远州城。历经 500 多年的风雨侵蚀和战争摧残，这座古城累累伤痕留下了历史最真实的记忆。

古人建城选址多分为两种，一种是地势平坦、土地肥沃、交通便利，有利于城市发展；另一种便是居险筑城，易守难攻，可保一方平安，而兴城却是两者兼而有。正是因为优越的地理位置，兴城古城自古以来才能成为兵家必争之地。这处历史遗留下来的宝贵遗产，见证了明亡清兴的历史更迭，记录了永不可褪色的岁月痕迹。

兴城古城是一座难得一见的正方形卫城，城墙基部用青色条石砌成，城墙外包大块青砖，里边用巨石堆砌而成，中间夹夯黄土，使城墙既古朴厚重，又坚不可摧。古城的东西南北四面皆建有城门，雄踞四方，巍峨壮观，将城池守护的固若金汤，不给敌人一丝可乘之机。城门上还有两层高的阁楼，巍然耸立，气势凛然，城楼四角架设的红衣大炮威风凛凛，仿佛时光如旧。当年在宁远之役中，清太祖努尔哈赤便是在此处被红衣大炮击中，身受重伤，回盛京途中不治身亡。

古城的魁星楼有着“关外第一魁星楼”之称。其位于城墙的东南角，两层高的楼阁为八角形，结构精巧，玲珑精致。“魁星”是 28 星宿之一，亦称“文曲星”。魁星楼内有一尊魁星像，只见他青脸红发，绿眼金睛，样貌恐怖，魁星左右手分别拿有棚斗和巨大的毛笔，犹如正在用笔点状元，这就是传说中的“魁星点状元”。

从南门延辉门进入古城，石板铺就的延辉街，宽阔笔直，洁净如洗，清一色的瓦房民居高低错落地伫立两侧，大多为明清建筑风格。走在其中，仿佛来到了遥远的明代古城，依稀可见曾经的繁华街景，喧闹的街道，嘈杂的人群，叫卖的小贩，穿梭的孩童，平凡而又幸福的生活，使人心生向往。在延辉街上还矗立着两座气势不凡的石牌坊，位于南边的那一座是祖大寿的“忠贞胆智”坊，北边是祖大乐的“登坛骏烈”坊。两座仿木的牌坊形制和结构大致相似，都是四柱五楼的建筑格式，古朴大气，历经 300 多年的风雨沧桑，依旧雄壮挺拔，古朴苍劲，是我国历史研究的重要材料，也是劳动人民石刻艺术的智慧结晶。

古城中心的十字大街交叉处还有一座钟鼓楼，高 17.2 米，分 3 层，正方形基座上建有两层楼阁，飞檐翘角，精描彩绘，气势不凡。楼内第一层藏有珍贵的历史文物，记载着古城的来龙去脉，展示着兴城悠久的历史文化。第二层主要有来此游览的国内外重要人物的留念。第三层为袁崇焕纪念馆，内部的蜡像刻画精细，生动形象，威严庄重的神态似乎在宣告袁将军“誓与此城共存亡”的决心，令人肃然起敬。

行走在古城，青砖雕砌的古老城墙，锈迹斑斑的铁门，南北贯穿的城中街道，历史的记忆悠久绵长。打开了厚重的城门，如一本翻开的古书。历经几百年的时光，今天的古城古韵沧桑，充满了历史的味道，那一砖一瓦的建筑都在为世人讲述这个古老的故事。

旅游小贴士

地理位置：辽宁省兴城市

最佳时节：四季皆宜

开放时间：08:00 ~ 18:00

旅游景点：魁星楼、钟鼓楼、炮台、城墙

宽阔的延辉街两侧，商店鳞次栉比，非常热闹。

气势不凡的石牌坊。

福建土楼 东方建筑明珠

福建土楼历史悠久，源远流长，产生于宋元时期，于明末和清代已逐渐成熟。福建土楼起源于历史上中原的几次大迁移。公元 4 世纪，由于北方战乱频繁，民不聊生，为躲避战乱民众开始南迁，在此后的几百年中大量的中原人举家搬迁至闽粤一带，这些人群被称之为“客家人”，为保护家族、聚集家族力量，他们建造了独具特色的土楼，成为客家文化的象征，也成为我国传统民居的瑰宝。

土楼内堂中大红灯笼高挂，各种家具陈设古色古香，仿佛依旧保留着传统的味道。

对于历史悠久的古代建筑来说，福建土楼是一个特殊的存在。它是一种独特的建筑奇观，也是客家先民伟大的创造、智慧的结晶。这些土楼在崇山峻岭、峰峦叠翠中彰显着“天地人合一”的东方神韵，传承着一个民族不屈抗争、百折不挠的精神，凝聚着一个家族的血脉亲情、宗族团结。

形式别致的土楼在福建分布甚广，主要集中在南靖、华安，龙岩市永定等地，尤以南靖、永定为最。土楼之所以奇特是因为其建造形式。土楼的主要建筑材料为泥土和石头，并以木质材料为辅助。土楼将按照一定的比例烧制的黏质沙土，放在夹墙板中夯筑而成，并且房屋都为两层以上，其坚固程度比起用水泥钢筋建筑的房屋也毫不逊色。

在众多的福建土楼中，最古老的土楼集庆楼已有600多年的历史了，沧桑里带着古朴典雅。集庆楼坐落在永定县初溪村，建于明永乐年间，是一座两环的圆形土楼。土楼坐南朝北，以中轴线对称，四层高的楼阁分布着近200个开间。72座楼梯将全楼分割成72个单元，最为惊人的是全楼为木质构造，没有一枚铁钉，全由传统的榫头相连，被称为“楼梯最多、最奇特的土楼”。

承启楼是福建“土楼之王”，据说始建于明崇祯年间，到了清康熙年间才真正完工，历时半个世纪。家族楼阁规模宏大，构思新颖，映衬青山绿水，显得古色古香。有一句话形容承启楼“高四层，楼四圈，上上下下四百间；圆中圆，圈套圈，历经沧桑三百年”，极为贴切。若是从高处俯瞰，土楼犹如一个个面包圈洒落在这片青山绿水中，或聚集成片，蔚为壮观，或临山傍水，错落有致，在蓝天碧水之间演绎一出浑然天成的奇思妙想。走进土楼，圆形的楼墙，圆形的屋顶，圆形的天窗，以及圆形的天空，使人叹为观止。据说在20世纪60年代，美国情报局通过卫星侦察到我国的东南部有一群奇怪的圆形建筑物体，认为这是类似核反应堆的东西，后来发现是土楼这个古老而又独特的建筑物，于是土楼名扬世界。虽然不知道这个故事的真假，却也说明土楼的名气的确不小。

土楼像悬挂在天空中的那轮圆圆的月亮，洒下的缕缕清辉犹如游子依恋故乡的情丝，紧紧地缠绕在心间。

旅游小贴士

地理位置：福建省南靖、华安市等地

最佳时节：四季皆宜

开放时间：08:00 ~ 18:00

最佳美景：集庆楼、洪坑土楼群、田螺坑土楼群、福裕楼、高北土楼群

土楼外观很像城堡，外墙通常厚一两米，底下两层不设窗户，主要是用来群居和防御。

土楼的院子在四面的围墙和屋舍的环绕之下，充满了安全感和神秘色彩。

开平碉楼 建筑文艺长廊

在那岭南乡村的原野里，开平碉楼或零星地独自傲然挺立，或成片地聚集成村落，蔚为壮观。碉楼的样式采用了古希腊、古罗马、伊斯兰、哥特式等各种古今中外的建筑艺术形式，可谓独一无二的“混搭风”，被人称为万国建筑的博览园。

开平碉楼，源于明朝后期，有着悠久的历史文化，随着华侨文化的发展，20 世纪二三十年代达到鼎盛时期。这种集防卫和居住于一体的特殊建筑类型，既是中西建筑艺术的完美结合，也是华侨文化的典型代表。现存典型楼群有赤坎古镇碉楼群、锦江里碉楼群、马降龙碉楼群等。

开平碉楼的兴起，既有着深厚的历史渊源，也与当时的开平社会以及其地理位置等因素有着密切的关系。开平原为新会、恩平、台山、新兴 4 县的交界之处，是“四不管”之地，社会治

赤坎古镇地处开平中部，其碉楼气势恢宏，蔚为壮观。

安混乱，土匪猖獗。另外多洪涝灾害，所以为了防匪防洪，明朝后期大多乡民就开始修建土楼，以保平安。鸦片战争后，清政府腐败无能，民不聊生，为了生计，不少人背井离乡漂洋过海，后来衣锦还乡或落叶归根，又纷纷回乡建房。为了保护家人及财产的安全，以防贼患，当地居民和华侨集资在村中修建碉楼，从此就有了各式各样的、封闭坚固的碉楼。

走进开平，首先映入眼帘的就是一座座、一群群的碉楼，如同童话里的城堡，静静地矗立在空旷的原野之中，像是在诉说着动人的故事。这些建筑一般是四五层，最高为 9 层，四四方方，形成了一个个坚固的碉堡。这些碉楼千姿百态、风格各异。从建筑材料上看，分为钢筋水泥楼、青砖楼、泥楼、石楼等。钢筋水泥楼多建于 20 世纪二三十年代，用水泥、石子、沙和钢筋建成，造价虽高却极为坚固耐用。青砖楼，顾名思义就是用青砖砌成的，既美观又经济实用，最主要的是适应南方雨水多的天气特点。泥楼是一个统称，具体还要划分为泥砖楼和黄泥夯筑楼两种。泥砖楼用料主要就是晒干后的泥砖，再在外墙涂上一层防止雨水冲刷的水泥或泥沙；黄泥夯筑楼的用料较为复杂，有黄泥、红糖、石灰和砂，建成后的楼房十分坚固，与钢筋水泥建筑相比也毫不逊色，这就是开平碉楼屹立不倒的秘密。

开平碉楼的众楼为多户人家或全村人集资兴建，造型简单朴实，每户一间房，主要用来躲土匪用。居楼一般由家庭单独建造，造型多样，美观舒适，结合了碉楼的居住与防御两大功能。更楼主要是用来打更放哨的，多建在村口或视野开阔的地方，控制着进出村落的关键要道，由相邻几个村落合伙出资建造，共同防御外敌。

这些碉楼尽管在用途、建材和风格上各有差异，却也有一个共同点，那就是墙体厚实，铁门钢窗，门窗窄小，墙体上设有枪眼。碉楼顶层设有望台，并配置枪械、警报器、探照灯等防卫装置。

开平碉楼，动荡年代的产物，华侨文化的遗产，建筑艺术的长廊，中西合璧的结晶。它们如洒落在原野上的颗颗明珠，静静地绽放属于自己的美丽。

锦江里由黄氏家族建于清朝时期。

马降龙村的碉楼和当地普通民居及四周自然构成了别具一格的景观。

马降龙碉楼群中的培英书室既是一座书室，也是一座私人别墅。

旅游小贴士

地理位置：广东省江门市

最佳时节：4 ~ 6 月和 9 ~ 10 月

开放时间：08:30 ~ 17:30

旅游景点：赤坎古镇碉楼群、锦江里碉楼群、马降龙碉楼群等

石库门 上海居民建筑代表

作为最具有上海特色的居民住宅，石库门记录了这座城市的古往今来，从弄堂古巷深处的渔民人家，到洋楼豪宅的一方商贾，都曾和石库门有着千丝万缕的联系。说起石库门的由来，必须得提到太平天国起义，因为正是这次农民起义，江浙的富商、地主、官绅们为了躲避战乱逃到了上海的租界，此时外国商人便抢夺商机，大量修建房屋以满足这些人的需要，所以上海的石库门建筑便诞生了。

什么是石库门呢？可以下个简单的定义，那就是强调使用的一种单进式围合建筑。由于当时大批人涌入上海租界，一时住房紧张，所以新建的石库门建筑省去了装饰等多余的建筑附加，从而注重实用性，充分利用有限的空间创造更多房屋。但是石库门

↑ 旧式的石库门具有许多江南民居的特色，布局严谨，整齐有序。

建筑随着时代的发展也有了新的变化，因此人们常常把新旧石库门拿来对比。

旧式的石库门出现在 19 世纪 70 年代初，由于其身处的特殊地理位置，因此中外文化都对其产生了重大的影响。旧式的石库门从江南民居中继承了许多特色，最鲜明的一点就是对称，建筑整体沿着中轴左右对称分布，布局严谨，整齐有序。走进石库门宅院，一条天井跨过两边厢房，直通前方客堂，直截了当，简单朴素。客堂是会客之所，主人常常在此会见宾朋好友，其中布置带有浓郁的江南特色，清新淡雅的氛围，往往给人一种宾至如归的感觉。再往后，过了客堂就是内院，比起前院里的天井，这里显得更加狭小，院中常有水井，两边屋舍相对粗陋，主要作为厨房、杂屋和储藏室使用。石库门指的就是由天井围墙、厢房山墙组成的前后门的立面，因为门框常用石材建造，内装黑漆木门，所以被叫作“石库门”。这便是石库门最初的样子，古朴简洁，富有日常生活的情调。

随着时代变迁，旧式石库门的住房已经难以满足人们的需要了，更何况上海这样的大都市，日新月异，新式的住房比起石库门，更能受到广大市民的青睐，因此很多石库门里的人都离开了那里，而旧的石库门也改变了模样。马头墙或观音兜式的山墙早已经消失不见，曾经白灰粉饰的墙壁也被青红色混搭的砖墙代替，那最有标志性的石门现在也多半改用砖材，因此江南建筑里的传统特色便慢慢淡出了人们的视线，与之同在的古老文化也随之被尘封了起来，现在留下的老式石库门建筑屈指可数，它们是这种建筑的最后印记。新的石库门尽管缺少了传统元素，但是西方建筑中的特色开始在那里得到体现，其中最大的变化就是建筑物上添加的装饰，原来注重简单，现在强调繁复，由此也可以看到人们的生活内容从生存到享受的历史变迁。

石库门作为历史的产物，必然有它退出的一天，只是那些过往的岁月还是同样值得怀念。

周恩来当年在上海工作的时候，居住在石库门街巷里，所以人们将其称为“周公馆”。

田子坊是石库门建筑的代表，许多上海人都对这里有着深厚感情。

古巷两侧房屋装饰简单，重在使用。

旅游小贴士

地理位置：上海市

最佳时节：四季皆宜

开放时间：全天

旅游景点：徐汇、卢湾、静安等区的石库门

大沽口炮台 津门之屏

八国联军的铁蹄踏进大沽口之时，这个曾在中国广阔的土地上默默无闻的地方，从此便成为永远不可能被忘记的历史遗迹。听那呼啸的海风，仿佛咆哮的火炮声，从百年之前的战场传来，带着一个古老落后的国家痛苦的悲鸣，也带着这个伟大和倔强的民族雄浑的吼声，让你的内心热血汹涌。

历史上的大沽口炮台曾经被誉为“津门之屏”，因为位于天津市海河入口的它自古就是天津最前线的门户。明代大沽口才真正开始进行驻地设防，清朝时开始设置炮台，到了后期由砖石砌成的炮台防御逐渐加强，形成了以“威、镇、海、门、高”为主体的系统完整的防御体系。作为天津乃至北京的海上门户，面对列强的海上进攻，大沽口逐渐成为中国北方的重要军事基地，与南方的虎门合称为中国近代史上最重要的海防屏障。

自1840年第一次鸦片战争开始，到1900年《辛丑条约》签订，大沽口炮台被迫拆毁，在这60年间，大沽口经历过4次列强的侵袭。在一次又一次的隆隆炮声中，大沽口炮台用血与火记载了一段悲壮而又可歌可泣的屈辱历史。如今大沽口炮台仅剩下“海”字炮台和其他3处炮台遗址，凛冽的海风吹拂着斑驳锈迹的火炮，大沽口炮台显得无比的孤寂和悲凉。

现在当你站在炮台上，依然能够看到百年前的古炮，红褐色的炮管历经百年的风雨已有斑斑锈迹，但那些历史的痕迹将永不会消退。站在炮台遗址向大海远眺，碧蓝的海水延伸向天际，海鸟飞翔，一片祥和的画面，真不敢想象百年前这里曾是火炮冲天，杀声四起的血腥战场。

昔日的火炮丧失了它原有的价值与作用，与碧海蓝天一起构成一幅“海门古塞”的迷人风景，即“津门十景”之一。原先的“威”字炮台现在改建为大沽口炮台遗址纪念馆，为天津市爱国主义教育基地，在静默的岁月中记述着百余年前那场残酷的战争。1997年香港回归之际，为了纪念在大沽口保卫战中为国捐躯的烈士们，更是为了铭记中华儿女坚决抵御外侮，捍卫国家尊严的英勇事迹和光辉传统，当地政府便建立了“大沽口炮台遗址纪念碑”，供人们游览参观。

回首大沽口炮台的历史，它是中华民族近代史的一部分。近百年来大沽口炮台饱经沧桑，被风雨侵蚀，但是在大沽口炮台的对岸，新的繁华重新开始。天津市区高楼林立，车马人流，现代化的都市生机勃勃，充满力量和希望，民族复兴的足迹深刻在古老的岁月中，成为最好的见证。

旅游小贴士

地理位置：天津市塘沽区

最佳时节：夏秋季

开放时间：08:30 ~ 16:30

旅游景点：大沽口炮台遗址

红褐色的炮身经风雨侵蚀已经锈迹斑斑。

大沽口炮台被誉为“海门古塞”。

大沽口炮台遗址纪念碑。

洛阳桥 福建桥梁的状元

洛阳桥又名万安桥，坐落在福建泉州城外的洛阳口，由宋朝著名书法家蔡襄修建于北宋皇佑五年（1053年），历时6年零8个月完成。洛阳桥是我国最早的海港大石桥，与北京卢沟桥，河北赵州桥，广东广济桥合称为“我国古代四大名桥”，同时它也是世界桥梁筏形基础的首例，闻名遐迩，备受桥梁研究者推崇，我国著名桥梁专家茅以升曾赞叹“洛阳桥是福建桥梁的状元”。

洛阳桥桥头佛像雕刻古朴，使这座古桥增添了几分宗教色彩。

估计很多人都疑惑，洛阳桥为何不在洛阳，却在福建呢？据说唐朝初年，战火纷纷，时局紧张，所以许多中原河洛之人迁到福建泉州，他们不仅在此定居，还将北方先进的技术带到了这里。泉州山川地势与洛阳很相像，因此这些河洛之人便将这里称作“洛阳”，河流也被命名为“洛阳江”，江面上后来建的桥便是“洛阳桥”。

据地方志记载，洛阳江水面开阔，波涛滚滚，过江船只每逢海潮都会沉没，为保平安，便建造了洛阳桥。最初的洛阳桥又被称为“万安桥”，这是用甃石作的浮桥，后来经过蔡襄改造成了筏形基础的海港大石桥。“筏形基础”指的是以船载石，然后沿桥梁中线卸下这些石块，从而在江底筑起一条矮石堤，最后在堤上建桥墩，尽管这种方法看似简单，但是它却成为世界造桥科学中一项惊天地的创举。

相传为了完成母亲造桥的夙愿，蔡襄再三恳求皇帝恩准他离京回乡。然而当他回到泉州后，看到洛阳江波涛汹涌，工程难以进行，心生烦闷。幸得观音托梦，海神相助，并以“醋”字给予“廿一日酉时”退潮的提示，蔡襄才能率众筑桥。又在三日工期将至之时，赶上了八仙之一的吕洞宾路过，仙家为蔡襄造桥之举感动，便将万安山上巨石变成母猪，让其成群结队走入桥下筑起的矮堤，直到洛阳桥建成。结果有一枚巨石剩余，后来化成了“猪母石”留在江边，现在去洛阳桥还能看见。甚至连蔡襄利用“种蛎固基”的方法来加固桥墩一事都有神明指点，实在有趣。这些民间传说充满了幻想色彩，尽管不可信，但是泉州洛阳桥下种植牡蛎加固桥墩的方法却一直沿用到了今天，许多渔民都把采牡蛎发展成为一项副业，由此可见洛阳桥真是“功在当时，利于千秋”。

站在洛阳桥头眺望，两座亭子临江高耸，古朴典雅，又带有几分沧桑感，5 座石塔隐隐现出轮廓。古桥旁蔡襄石像矗立，目视江流，神情平和，仿佛在为自己的这件遗世的“作品”感到一种快慰。不远处的蔡襄祠是后人为他所建的纪念堂，常常会有人到此缅怀这位古人，然后再欣赏一番“万安桥记”碑刻。那简简单单的 153 个字的碑文，简洁明了，谦逊谨慎，楷中带草的书法却独步天下，堪称洛阳桥“三绝”之一，使人在赞叹蔡襄的书法奇绝之时，更不会忘记他的高风亮节。

洛阳桥桥墩造型奇特，形如船尖，这样可以有效地减少海浪的冲击。

桥面由大型的条石铺成，平坦宽阔。

石塔建筑雕刻精美，上面的祈福文字十分神秘。

旅游小贴士

地理位置：福建省泉州市

最佳时节：四季皆宜

开放时间：全天开放

旅游景点：月光菩萨塔、中庭碑林、镇风塔、蔡襄石像

赵州桥 天下第一桥

河北省赵县的洨河上，有一座世界闻名的石拱桥，叫安济桥，又叫赵州桥。它是隋朝的石匠李春设计和参与建造的，到现在已经有 1300 多年了，历经风云变幻、朝代更替，它却一如往昔，稳如磐石，书写着中国古桥的风韵。赵州桥非常雄伟，是当今世界上现存最早、保存最完善的古代敞肩石拱桥，民间百姓将其与沧州铁狮子、定州开元寺塔、正定隆兴寺菩萨像并称为“华北四宝”。

赵州桥是一座单孔石拱桥，桥如新月出云，似玉环半沉。桥身设计巧妙，走在桥面上如履平地，几乎感觉不到任何的坡度。桥两端的拱肩上，又建有两个小巧玲珑的小拱，拱拱相叠。这种“敞肩式”桥型，优点十分明显，节省建筑材料不说，还能减少水流阻力，减轻单孔桥洞的载重。千百年来，这座坚固美丽的赵州桥，历经了无数次的大洪水与地震的冲击，却无丝毫的伤损，依旧顽强地屹立于洨河之上，成为赵县的象征。这种新颖别致而又稳固

赵州桥碑碑身洁白如玉，碑面上赵州桥浮雕十分漂亮。

坚韧的建造技术被我国著名建筑学家梁思成先生称赞为“奇巧固护，甲于天下”。

如今的赵州桥已经光荣地卸下历史的重担，略显弯曲的桥面却依然平整光滑，清秀精巧。赵州桥之所以能够得到人们赞誉，是因为它精妙绝伦的建造工艺，唐朝的张嘉贞说它“制造奇特，人不知其所以为”。赵州桥有三绝：券小于半圆、撞空而不实和洞砌并列式。在古代弧形的桥洞或门洞之类的建筑被称为“券”，大都是半圆形。由于赵州桥跨度大，长约 37 米，若是把券修成半圆形，那么桥面就会很高，路人行走如越过一座小山。所以赵州桥便将弧形的券改成小于半圆的形式，远远望去就像高挂天上的彩虹，使桥体更加的美观，长长的弧形降低了桥体的高度，也节省了材料与人力。券的两肩叫“撞”，一般石桥的撞皆用石料砌实，为了保证桥的安全，赵州桥的撞没有砌实，而是用两个小券，方便流水畅通无阻，又减少了水流对桥的冲击。为了加固桥身，赵州桥在券的石块间加了铁钉使小券连成了一个整体，使之更加坚不可摧。这就形成了洞砌并列式的桥身，其看似轻巧实则复杂的建造技艺凝聚了建造者的智慧与结晶，不愧为“中国工程界一绝”。

赵州桥并非只有孤单的桥梁，还有桥梁建造者李春的雕像、赵州桥景区以及赵州桥博物馆的景点相配。作为桥梁的建造者，李春的铜像矗立在赵州桥旁，它手握赵州桥图纸，凝视远方的造型，表达了后人对李春的纪念与敬仰之情。另外在赵州桥博物馆还有大量的珍贵的历史图片和资料以供游人游览观赏，可以更直观地了解赵州桥的历史和修缮过程。

旅游小贴士

地理位置：河北省石家庄市

最佳时节：秋季

开放时间：08:00 ~ 17:00

旅游景点：赵州桥、李春像、赵州桥博物馆等

桥身围栏上双龙缠绕，鳞爪飞扬。

赵州桥“天下第一桥”题字，字迹遒劲有力。

手握赵州桥图纸，凝视远方的李春铜像。

卢沟桥 抗战丰碑

卢沟桥，这个名字在每个人幼年的时候几乎都有一些记忆，那灵动活泼的狮子就是最深的印象，直至后来在历史的课堂上开始了解这个蕴含着特殊意义的名字，我们才知道了这座包含民族耻辱的古桥更多的故事。

毗邻宛平城的卢沟桥始建于1189年，建成于1192年，距今800多年历史，是北京现存最古老的、最雄伟的石拱联桥，全桥长266.5米，桥面宽8米，共11孔。在卢沟桥建成100多年后，意大利马可·波罗来到这里，并在他那部著名的《马可·波罗游记》中记述了这座优美的桥梁，使该桥很早就名扬海外，成为一座世界级的名桥。

卢沟桥的狮子不但数目众多，而且各不相同，每一只都特点鲜明。

来到卢沟桥，第一眼看到的是姿态万千的石狮子，不知你是否记得小学时学过的那篇课文——《卢沟桥的狮子》，里面介绍了卢沟桥上每根柱子雕刻的狮子，它们大小不一，形态各异，憨态可掬。数百年来对于卢沟桥的狮子一直没有一个准确的数目统计，有资料说总共有 485 只，另有资料却反映多达 501 只，不知道哪个数据更准确，一直是一个谜，因为许多狮子雕刻在一起，难以辨别是一个还是数个，因此更加神秘，并吸引了许多的人来卢沟桥一看究竟。

伫立在桥头上，迎面可见桥口的东西两侧各有一个静卧的石狮和一个垂首的石象。此外，还有 4 根石制的华表和 4 块石碑。巍然挺立的八角形石柱的华表，高约 4.65 米，其形式与天安门前的华表相似，但在雕刻与装饰上有所不同。下部底座为石质须弥座，上部横贯云板，柱顶有圆盘式的莲座，莲座上雄踞一石狮，多年来静静地守护着卢沟桥。4 块石碑中“卢沟晓月”碑位于桥的东面雁翅桥面的北侧，碑上的题字是乾隆的御笔所书，碑后还有乾隆所作的卢沟诗。每当中秋圆月的夜晚，卢沟桥头一轮明月高悬在夜空，四下寂静的夜空、远处苍茫的山丘、干涸的河道、古老的石桥，浑然一体，勾勒出一幅迷人的美景，这就是著名的，号称“燕京八景”之一的“卢沟晓月”。

巍然挺立的八角形石柱华表。

“卢沟晓月”碑。

卢沟桥的东侧是中国近代史上著名的“七七事变”发生地——宛平城。宛平城建成于明崇祯十三年（1640 年），初名“拱北城”，清改为“拱极城”，民国时期因宛平县署搬迁到这里而改名为宛平城。宛平城规整整齐，与城外的卢沟桥连在一起形似一支锅铲，所以就有攻下宛平城，北京城就成了“锅铲”之物的说法。历史上正是如此，李自成、清朝顺治都是从这里进入北京城的。1937 年 7 月 7 日，驻守在卢沟桥附近的中国军队与日军展开激战，开启了中华民族悲壮而又惨烈的一段历史，不知有多少中华儿女献出宝贵的生命，这是我们永远不能忘记的历史。

抗日战争雕塑园里生动形象的雕塑。

走下卢沟桥，来到宛平古城南面的抗日战争雕塑园，一尊尊生动形象的塑像向我们诉说着中华儿女在日本侵略者的铁蹄下所遭受的虐待与苦难，再现了我国人民在抗日战争中的艰辛历程，再现了中国人民与日军血战到底英勇不屈的顽强精神，再现了睡狮一般的中国人民觉醒后的惊天怒吼！

旅游小贴士

地理位置：北京市丰台区

最佳时节：9 ~ 10 月

开放时间：旺季 (4 月 1 日至 10 月 31 日)07:00 ~ 19:00；淡季 (11 月 1 日至次年 3 月 31 日)08:00 ~ 17:00

旅游景点：石狮、石碑、华表、抗日战争雕塑园等

泰顺廊桥 最诗意的建筑

很多人听说“廊桥”一词，几乎都是来自于电影《廊桥遗梦》，影片中缠绵悱恻的爱情仿佛早已凝结在了那座烟雨蒙蒙的廊桥，令人魂牵梦萦，而在我国被誉为“廊桥之乡”的温州泰顺同样充满着浪漫的气息。

泰顺位于浙江省南部，北接文成，西临景宁，因地形崎岖多山，素有“九山半水半分田”之称。在这个群山环绕、山高林密的世外桃源，曾经有大量因躲避战乱迁居而来的人们，他们在此开创了具有山水田园特色的地方文化，留下了珍贵无比的历史文化遗产，廊桥就是其中之一。廊桥实际上就是带有屋顶的桥梁，这样的屋檐，不仅可以保护木质的桥梁避免风吹雨淋的侵蚀，还能为长途跋涉的行人提供休憩之所，不仅美观，而且实用。

泰顺廊桥已有 700 年左右的历史，大致在明朝中期始建，如今现存的廊桥多修建于清代。尽管如此，廊桥依旧鲜为人知，连“廊桥”这一称谓也还是最近时间才开始使用的。据统计，目前现存的廊桥有上千座，主要类型有堤梁式桥、木拱桥、木平桥、石拱桥、石平桥等。其中 18 座木拱廊桥在世界的桥梁史上都有很高的地位。在我国由于地理环境的因素，木拱廊桥多分布于江西、浙江一带，这些形式各异的木拱廊桥具有很高的科学和艺术研究价值，对了解我国的廊桥历史和发展提供了重要的事实依据。

这些廊桥的建造看似很简单，基本单元也仅仅是 6 根杆件，纵横各有 2 根，呈“井”字形摆放。这种结构充分利用相互挤压产生的摩擦力，各个构件之间越是挤压就会越紧，以此来达到不需钉铆就可以直接固定的作用。按照这种构造方法建造起来就会非常方便，只需用规格相同的杆件进行搭建便可以完成，而且拆装方便，此外受损的构件还可以快速更换。正是这些规模小、便于运输的建筑材料，经济合理的构造方式，泰顺的廊桥才会形成较大的规模，并得到完好的保存。

三条桥是泰顺最悠久的木拱廊桥，初时此桥是 3 根巨木搭建而成，故名为三条桥。如今的三条桥是清道光二十年（1840 年）重新建造的，在桥的木栏板上有一首没有署名的词《点绛唇》：“常忆青，与君依依解笑趣。山青水碧，人面何去？人自多情，呤呤水边立。千万缕，溪水难寄，任是东流去。”词中的字字句句引人无限遐想，为这座古桥增添了几许诗情画意。

廊桥不仅是行走避雨之所，也是当地人休息、交易的场所。很多廊桥上都有很多摊位，可想当年廊桥交易繁盛的景象。一条条小型的街道在廊桥的桥头逐渐形成，下面为店铺，上面供人居住。此外，廊桥上还设立有神龛，居民可在此祈祷平安，风调雨顺。这里的祭祀五花八门，例如佛祖、观音、关帝爷、财神爷、文昌帝，甚至还有门神，他们都是传说中能够掌管人们生活各方面的神灵，因而成了人们敬拜的对象。

廊桥，不仅是交游远行的驿站，也是泰顺悠悠历史的链接。游子的依依离别、好友相聚时的寒暄问候、孩童的游戏打闹等各种生活片段都在这里演绎，就像一部古老的电影，记录了这里所有的往昔。

木拱廊桥在世界桥梁史上都有很高的地位。

三条桥色彩偏暗，与周围山色风景融为一体。

廊桥檐顶建造得十分美观，檐角翘起，犹如腾飞的翅膀。

旅游小贴士

地理位置：浙江省温州市

最佳时节：四季皆宜

开放时间：全天开放

旅游景点：南溪桥、登云桥、霞庄桥、墩头桥、三条桥、溪东桥、文兴桥

侗族风雨桥 独具一格的桥梁

风雨桥又称花桥，是侗族最有特色的建筑，一般在湖南、湖北、贵州等地比较常见。风雨桥结构奇特，纹饰古朴精美，整座桥可分成桥、塔、亭 3 大部分，桥上长廊两侧设有栏杆、长凳，人们常常在此躲避风雨，故而才有“风雨桥”一名。风雨桥不仅是侗族建筑的“三宝”之一，同时也被视为世界十大最不可思议桥梁之一。

风雨桥在湖南、湖北、贵州等地较为常见。

说起风雨桥，侗族民间的故事真是不胜枚举，其中花龙的传说充满了神秘色彩。相传原本有一对十分恩爱的年轻夫妇，丈夫叫布卡，妻子称培冠，有一天他们去西山干活，途径小木桥时河水暴涨，培冠不幸落水，布卡和乡亲们一直都未找到她，原来培冠是被河底的螃蟹精掳去当夫人了。就在培冠极力想要逃脱而不得之时，一条花龙出现了，降服了螃蟹精，并救出了培冠，他们夫妇二人才得以重逢。后来为报答花龙，他们便将河边的小桥修建成了廊式的长桥，并在廊柱上雕刻龙纹，平时路人遇到风雨，这座桥变成了最好的容身之地，因此“风雨桥”便出现在了侗族人们的日常生活之中。

神话故事也许不一定可信，但是它已经深深印在了侗族古老的文化，然而比神话更不可思议的是风雨桥本身的魅力。除了石墩之外，风雨桥其他结构均由木料建成，令人惊讶的是桥身和塔、亭中找不出一根铁钉，全是古代建筑中常用的卯榫结构。尽管如此，风雨桥的坚固程度也毫不逊色于铁桥或者石桥，两三百年的时间已经见证了这一点。

据说风雨桥的建造十分讲究，建桥之前必须勘察一番。例如河道宽度、水文情况、周围地质等，因此各地的风雨桥也不尽相同。广西三江的程阳风雨桥建于 1916 年，相对比较年轻，此桥桥身下面设有 5 座菱形石墩，墩底铺垫生松木起到减压的效果，桥上长廊向两侧伸展，中央一座五角塔亭高耸，气势恢宏。廊内雕刻绘画使人眼花缭乱，各种山水、花草、瑞兽、人物等题材的作品充分展现出了侗族文化的广博深厚。福鼎管阳的老人桥又是另一种特色，据历史记载，这座老人桥建于明朝，为纪念邱阜老人而建，迄今为止已经有 500 年了。老人桥主体分成 5 段 3 层，135 支整条木筒贯穿，两端四支直径可达 85 厘米。桥面上筑起一座亭，亭如长廊，56 根亭柱两列排开，亭内设有两处神龛，供奉泗州佛、水官大帝、真武大帝，过桥之人常来参拜。湖南黄土的普修桥更是一枝独秀。此桥建于清朝乾隆年间，后不幸毁于洪灾，后来得以重修。这座风雨桥十分特别，桥头两端不仅设有桥门，桥廊还装有通长直棂窗，3 座桥亭凌空高悬。站在桥头眺望，桥门顶上歇山式重檐层层高升，正脊檐梢上的龙、凤、鸡等动物彩塑栩栩如生，叹为观止……

以上只是侗族风雨桥的一瞥，至于那些深藏在山水深处的古桥，以及侗族人民生活中的风雨桥文化，都需要你置身其中，走上风雨桥才能真正领略。

桥上设有长廊，可以供人们躲避风雨，也可乘凉歇脚。

广西三江的程阳风雨桥。

普修桥。

旅游小贴士

地理位置：湖南、贵州、广西、湖北等地

最佳时节：四季皆宜

开放时间：全天开放

旅游景点：三江风雨桥、新昌风雨桥、管阳风雨桥、芷江风雨桥

泸定桥 大渡河天险

毛泽东的《长征》脍炙人口，其中“金沙水拍云崖暖，大渡桥横铁索寒”两句更是妇孺皆知，诗中描绘的景象常常使人不禁想起当年长征路上的千难万险。站在泸定桥头，远望大渡河上铁索横跨两岸，桥下浊浪滚滚，汹涌澎湃，也不免让人心生寒意，然而由此更能体会当年飞夺泸定桥的 22 名战士是多么的勇敢。

泸定桥作为一座英雄的丰碑，常常使人仰慕，据说在很久以前，这里也来过一位英雄。当时泸定桥初建，用作建桥的铁链每根都重达 2.5 吨，因此难以搭起。就在所有的工匠正在为此事发愁的时候，有一位名为噶达的藏族大力士从此经过，愿意为他们解决这个问题，只见他用双手举起两根铁链，夹在两腋之下乘船过河，进行安装，就这样往返多趟，将 13 根铁链全部架好，众人惊叹不已。然而这位大力士却不幸劳累致死，当地百姓为了纪念他，便在附近建了一座庙宇。

门楼高耸在大渡河边，屋檐飞翘，颇具气势。

英雄造桥的传说一直都在传诵，从来没有人去问它是真还是假，其实那些已经不重要了。至于真正的造桥过程，并不像传说里那么简单。大渡河水流湍急，浪涛凶险，建桥是最好的选择，至于造什么样的桥，荥经、汉源、天全等县的能工巧匠经过了多年的思索给出了答案，正是索桥。他们将 890 个铁环连接成 13 根铁链，用较粗的竹子立在两岸，然后在竹子上安置竹索，竹索上再装竹筒，把铁链与竹筒绑在一起，从两岸相对牵引竹筒带动铁链渡江，十分巧妙地完成了这一任务，由此充分体现了我国劳动人民的伟大智慧。

来到泸定桥，仰望崇山峻岭，不禁令人感叹。这里地处四川省泸定县，正在康藏交通的咽喉之处，其位置十分关键，因此自古以来都是兵家必争之地。史料记载，康熙在位时期曾发现此地具有极其重要的战略意义，便命令大臣在大渡河上建桥，从此可以平息准噶尔部的战乱以及加强对藏地的统治。1706 年，大桥落成后，康熙亲自为其取名“泸定桥”（“泸”指泸水，即大渡河；“定”指平定准噶尔之乱的意思），御笔题字，并立御碑于桥头，御碑正文为“泸定桥”3 字，横批为“一统山河”。

两岸桥头上各有一处高阁临江对峙，前面两座高约 20 米的桥台耸立，那些横跨江面的铁链就钉在桥台内的铁栓上，此外还有铁牛、铁蜈蚣等雕塑，用来镇水。远望桥面平展，上面铺有木板，供行人来往，两旁的铁链可做扶栏，脚下怒涛滚滚，震耳欲聋。现在泸定桥已经成为泸定县一处著名的景点，与之并立的泸定桥革命文物陈列馆保留了许多关于这座英雄之桥的历史，所以英雄的故事将永远被我们传诵下去。

旅游小贴士

地理位置：四川省泸定县

最佳时节：春夏秋季

开放时间：07:30 ~ 20:00

旅游景点：泸定桥、泸定桥革命文物陈列馆

泸定桥御碑。

飞夺泸定桥是我国历史上著名的战役，其中冲锋陷阵的勇士值得人们永远怀念。

第四章

祭祀陵寝类建筑

天坛 祭天遗迹

作为我国现存最宏大壮观的古代祭祀性建筑群，天坛一直都是以严格规整的建筑布局、奇妙的建筑结构和华丽精美的装饰闻名于世。祈年殿、回音壁、三音石、对话石等诸多建筑设计巧妙，风格惊奇，处处彰显着天人感应、天人和谐的哲学思想，置身其中，仿佛有梵音回荡。

专门用于“冬至”祭天的圜丘坛。

天坛有两重墙，南方北圆，寓意“天圆地方”。北坛的祈谷坛专门用来祈祷丰收，其中的主要建筑有祈年殿、皇乾殿、祈年门等。南坛的圜丘坛则是专门用于“冬至”祭天，中间有一个大形圆状石台，名为“圜丘”。祈谷坛和圜丘坛之间以丹陛桥连接，大量的古柏林分布在丹陛桥的两侧，这些郁郁葱葱的古柏大多种植于明代，已经有了 500 多年的历史，与周围瑰丽壮观的天坛建筑浑然天成，形成独特的景观。

天坛有了古柏林的环绕，才显得更加祥和、肃穆。据说美国前国务卿游览天坛曾感叹："我们的实力可以仿造出天坛，但我们毫无办法仿造出千年古柏"。这大概就是所谓的"名园易建，古木难求"。"九龙柏"造型奇特优美，在一众古柏中最为出名。它屹立在回音壁的西北侧，高达 18 米，躯干上布满了纠缠突出的纹路，像是无数条巨龙缠绕其上。明清历代帝王到天坛祭祀，必然经过此柏树，于是就有了"九龙迎圣"的称号。像这样经久不朽的柏树还有很多，穿梭其中，或抬头或者回首寻找造型奇特的古柏，别有一番趣味。

郁郁葱葱的古柏。

森森古柏围绕的天坛中，祈年殿和皇穹宇尤为醒目。祈年殿是明清帝王孟春祈古的场所，三层重檐向下逐层盛开呈现伞状，按照"敬天礼神"的思想设计建造，圆形的大殿象征着天圆，而蓝色的瓦象征着蓝天。皇穹宇是供奉皇家祖宗牌位和皇天上帝的地方，这就要求建筑风格严谨规整，庄严肃穆。蓝色代表永恒、理智，纯净的蓝色带给人们安详与洁净的感官享受。祈年殿与皇穹宇都以蓝琉璃瓦为顶，包括其他的建筑都是蓝顶，从远处眺望，一片蔚蓝与周围枝繁叶茂的古柏交相掩映，浑然一体。

皇穹宇高耸，与天坛的其他建筑组成了主体景观。

祈年殿中四周为砖木结构，没有横梁和铁钉，只能看见 28 根有序排列巨型的楠木柱支撑着殿顶。华美的蟠龙藻井如伞盖凝聚在大殿的屋顶，绚丽多姿的彩画围绕四周，流光溢彩，精美绝伦。那富丽堂皇的装饰与结构，为祈年殿这座古老的建筑增添了无穷的韵味。蟠龙藻井和地上的龙凤石遥遥相对，形成了天地呼应的格局。相传，原本殿顶只有金龙，石头上只有凤纹，金龙与凤凰日久生情，常常嬉戏。后来一天恰遇来此祭拜的嘉靖，金龙来不及飞回殿顶，于是就和凤凰一起留在了圆石中，从此就变成了深浅不一的龙凤石。

祈年殿是天坛的标志性建筑之一，楼阁圆顶十分著名。

在这里，那些古老的文明已经悄悄隐去踪迹，只有清脆的鸟鸣和新开的花朵。除了静还是静，身处其中仿佛可以感到时间的流动，原本焦虑烦躁的心情也会随着周围静谧的环境慢慢平静下来。

旅游小贴士

地理位置：北京市东城区

最佳时节：春秋季

开放时间：全天开放

旅游景点：圜丘坛、祈年殿、皇穹宇、皇乾殿、丹陛桥

轩辕庙 华夏第一陵

↑ 轩辕庙的匾额多是后人对于先祖黄帝的赞颂。

素有“华夏第一陵”之称的轩辕庙，又名黄帝庙，专为祭祀华夏人文初祖黄帝而建立。轩辕庙与黄帝陵相邻，均位于陕西省黄陵县桥山的黄帝陵景区，黄帝陵矗立在桥山顶，而轩辕庙坐落在山麓，两者遥相呼应，巍然壮丽。

轩辕庙背靠桥山，面向南方，仿佛有一种君临天下的气概。庙宇有近 10 万平方米，南北狭长，从最远处的石桥，到石阶登上庙门之后，依次分布着诚心亭、碑亭和人文初祖殿等建筑。从远处看，整座庙宇随着地势不断抬高，衬着四周绵延起伏的山峦，更显得壮观。

庙门前广场平阔，山门高耸，“轩辕庙”3个大字引人注目，据说这3个字原是在1938年清明节来黄帝陵举行祭祀大典的蒋鼎文亲笔题写的，很有历史意义。这座庙门以汉代的建筑风格为主体，有带有现代的时代气息，屋顶采用传统的歇山顶式，美观又不失典雅。山门坐落在一处高台上，与四周的景观相比显得更加突出，门前6根柱子挺拔笔直，柱子下又是6层台阶伸向大门外，欢迎四海宾朋。

黄帝被奉为人文初祖，受到历代帝王的祭拜，轩辕庙大殿也称人文初祖殿，便是祭祀黄帝的地方。这座大殿最早建立于明朝时期，经过历代修缮扩建，如今更加雄伟壮丽，歇山式屋顶上灰瓦密密铺开，屋脊上各种雕刻纹饰精巧美观，令人眼花缭乱。檐下斗拱彩绘繁密，在阳光的映射下更加光艳照人。门额上原有程潜题写的“人文初祖”匾，4个大字极其醒目，殿堂内有一尊轩辕黄帝浮雕，安放在木质的壁龛中，据说这尊黄帝浮雕是以东汉时期的石刻拓片为模板，经过专业人士的衡量后放大，再由能工巧匠雕刻出来的，不仅如此，雕塑采用的石材正是珍贵的墨玉，

轩辕黄帝浮雕。

大殿也称人文初祖殿，便是祭祀黄帝的地方。

旅游小贴士

地理位置：陕西省黄陵县

最佳时节：四季皆宜

开放时间：旺季(3月1日至11月30日)07:30～18:30；淡季(12月1日至次年2月28日)08:00～17:00

旅游景点：庙门、诚心亭、碑亭、人文初祖殿

所以它堪称轩辕庙的一件瑰宝。雕塑中的黄帝宽衣长袖，头戴冠冕，既朴素庄严，又威风凛凛。不禁使人想起了那个蛮荒时代，黄帝带领部落先民征服自然寻求生存的生活场景，“祖功泽百世，宗德润千秋”就是这位领袖的真实写照。

轩辕庙庭院里古木参天，其中最有名的要数古柏。“黄帝手植柏”素有“中华名树”“中华第一树”等美称，据说这棵柏树是黄帝亲手种植的，它跟中华民族一起走过了千年的岁月，迎接着四季的变换，从荣到枯再复荣，生生不息，直到现在。此外还有一株“将军柏”也闻名遐迩，此柏树身上布满了洞，交错排列，每到清明前后，这些树洞里就会留出汁液，汁液凝固之后形成珍珠状，晶莹剔透，十分好看。相传当年汉武帝御驾亲征时，路过轩辕庙，便上山祭祀黄帝，他把铠甲就挂在了这棵柏树上，后来这个故事流传到了现在，因此人们又叫它为“挂甲柏”。

每年到了清明节，轩辕庙里人山人海，前来祭拜黄帝的人不计其数，无论你来自海峡两岸，还异国他乡，只要我们都是炎黄子孙，那么这里就是我们永远的根脉。

“黄帝手植柏”素有“中华名树”“中华第一树”等美称，据说这棵柏树是黄帝亲手种植。

晋祠 晋阳之胜

晋祠风景秀美怡人，环境清幽雅致，那恢宏的建筑群、精湛的塑像艺术更是令它显达于天下，这座集中国古代祭祀、建筑、园林、雕塑等艺术于一体的文物古迹，是我国珍贵的历史文化遗产。晋祠是为纪念周武王次子姬虞于北魏年间修建的，后历经北齐、隋唐、宋元、明清千百年的历史，不断修缮和扩建逐渐成为现在的庞大规模。

古人云:“三晋之胜，以晋阳为最，而晋阳之胜，全在晋祠。”晋祠之美在山水、在松柏、在楼阁、在庭院。形如悬瓮倒挂的巍巍悬瓮山，就如一道天然的屏障，将这处锦绣古迹紧紧地拥入它的怀抱。四季变幻景色如画，春夏花草满山，径幽而香远；秋冬草木郁郁，白雪皑皑。在如此美景之下无论何时拾级登山，探访先人遗迹，都会情悦神爽。

环境清幽雅致的晋祠。

旅游小贴士

地理位置：山西省太原市

最佳时节：四季皆宜

开放时间：08:00 ~ 18:00

最佳美景：圣母殿、鱼沼飞梁、奉圣祠、难老泉、水母楼等

水母楼。

在晋祠中最美的、最吸引人眼球的还是带有浓厚古韵的建筑群。历经漫长的岁月，通过各个朝代的不断扩建与修建，成就了今日的规模与格局。晋祠的建筑可分为中、南、北 3 部分，中路是整个晋祠的主轴线，也是园内建筑的主体，其建筑布局严谨，结构分明，肃穆庄重。北部的建筑包括有文昌宫、东岳祠、关帝庙、三清祠、朝阳洞、读书台等，这里的建筑多依据地势进行排列，错综复杂，层次相叠。而南部则是晋祠内园林的集中地，白鹤亭、三圣祠、水母楼、难老泉亭等分布其间，错落有致的亭台楼阁四周溪水缠绕，花木繁盛，一派江南园林的风采，令人赏心悦目。

鱼沼飞梁是一座建于宋代的精致古桥，属于晋祠的“三绝”之一。古人认为圆者为池，方者为沼，水中多鱼，故曰“鱼沼”。这座方形的荷花池上架有一个十字形的飞梁，下面由 34 根八角形的石柱支撑，东西桥面宽阔，南北犹如鸟之两翼，远远望去如同飞梁。桥边缀有勾栏，凭栏赏景，池中鱼跃清波，荷花娇艳，相映成趣，令人游而忘归。这种十字桥梁突破了传统的“一”字桥形，是我国古建筑中的创新之举。

鱼沼飞梁是晋祠的“三绝”之一，是一座建于宋代的精致古桥。

圣母殿是晋祠最著名的建筑。

古桥旁的圣母殿是晋祠最著名的建筑，其始建于宋代天圣年间，圣母据说为叔虞之母邑姜。圣母殿原名为女郎祠，是祠内的主体，规模最为宏大，是我国宋代建筑的代表作。内部有宋代精美彩塑侍女像 43 尊，其中有 2 尊是明代补塑的，居中而坐的邑姜凤冠霞帔，雍容华贵，栩栩如生。

晋祠的另一大特色就是古建筑四周古老苍劲的树木。这些森森古树历经风霜雨雪依然屹立不倒，那遒劲的树干、皲裂的树皮、疏密相间的枝丫诉说着晋祠的传奇故事，见证着这里的风云变幻。有一偃卧于石阶旁宛若老者的古树，名曰周柏，据说它种植于西周，迄今已有 3000 多年的历史，伴随着晋祠走过历史的烟云，如今依旧生机勃勃。

曾经在这里演绎过许多的故事，如今犹在耳边，例如当年李世民从这里起兵反隋，宋太宗赵光义在这里消灭北汉政权等，就像“周柏唐槐宋献殿，金元明清题咏遍。世民立碑颂统一，光义于此灭北汉”所写的一样，不禁使人感慨万千。悬瓮山高耸，山脚下泉水涌出，汇入晋水，时光荏苒，这些往事已经永远留在昨天。古老的晋祠映着绿水碧波，红墙黄瓦随树影闪烁，也渐渐与自然风景融为了一体。

圣母殿内供奉的邑姜像。

曲阜三孔 儒家文化圣地

历史悠久的山东曲阜因孔子而名扬天下，备受推崇，成为受世人尊崇的世界三大圣城之一。曲阜三孔是孔府、孔庙和孔林的统称。作为我国古代伟大的思想家、教育家、儒家创始人孔子诞生、讲学、墓葬及后人祭祀之地，曲阜有着深厚的文化积淀和悠久的历史渊源，是闻名全球的儒学文化的源头。其中三孔就是纪念孔子、推崇儒学的代表。

古井井台古朴，充满了生活的气息。

孔府是曲阜的标志性建筑之一。孔府始建于宋代，与孔庙相毗邻，经过历朝历代的扩建，规模十分宏大。孔府既是历代孔子嫡系长子、长孙的府第，也是一处官衙与府第合一的典型封建贵族庄园，更是我国现存古建筑中规模最宏大、最豪华的封建官僚贵族府第，素有“天下第一家”之称。整个孔府占地约 12 万平方米，有厅、堂、楼、轩等各式建筑 463 间，分为中、东、西三路布局，九进院落，仅次于明、清皇帝宫室。三路的布局各不相同，东路为“东学”，既是孔氏家族的家庙，也是用来接待朝廷官员的地方；西路为“西学”，是孔子的后裔平时学习诗书礼仪之处；中路则为孔府的主体建筑，仿造朝廷六部之形制建造，设有三堂六厅，前部为官衙。此外，园内还有内宅、前上房、前堂楼、后堂楼、花园等。在这处古木参天、庄重肃穆的府邸中，处处弥漫着浓郁的儒家文化气息。

有“天下第一家”之称的“孔府”。

位于阜城中心的孔庙则是中国历代封建王朝祭祀孔子的地方，气势雄伟，规模庞大，同北京的故宫、河北承德市的避暑山庄并称为中国的三大古建筑群。该建筑主要仿制帝王宫殿之制，前后 9 处院落，贯穿于南北中轴线上，金碧辉煌的宫殿建筑布局规整，结构严谨，恢宏大气。这些古建筑包含着特殊的思想文化内涵，庙的中门、坊、殿、堂及匾额的题名皆彰显着儒家的风范。

孔子墓四周松柏常青，非常幽静，大教育家孔子埋葬于此。

素有“至圣林”之称的孔林，是孔子及其家族的专用墓地，也是目前世界上面积最大、延时最久的氏族墓葬群。郭沫若曾说过:“这是一个很好的自然博物馆，也是孔氏家族的一部编年史”。

大成殿是孔庙的主体建筑，是专门祭祀孔子的殿堂，气势恢宏。

旅游小贴士

地理位置：山东省曲阜市

最佳时节：春秋季

开放时间：(孔庙)08:00 ~17:30;(孔府)08:00 ~ 17:30;(孔林)08:00 ~ 18:00

最佳美景：孔府、孔庙、孔林、鲁壁等

孔林内古树林立，已达万余株，品类丰富，已有百余种，俨然一座天然的植物园。孔林内的香火依然旺盛，坟墓有增无减，凡孔家后人，皆有资格在此安葬。在众多墓碑中，孔子的墓以红墙围绕，墓前置有香炉和用泰山封禅石垒就的供桌及两座碑刻。大碑为书法家黄养正书，上篆“大成至圣文宣王墓”，另一小碑为宋碑，是孔子墓前最早的碑，上篆有“宣圣碑”3个大字。“断碑深树里，无路可寻看”在万木垂荫下，石像成群，碑石如林，各个时代的名人题记遍布整个孔林，文化气息浓郁。

除了孔府、孔庙和孔林，还有鲁壁。据说秦始皇当年焚书坑儒时，为保存儒家经典，孔子的后人孔鲋将《论语》《孝经》《尚书》《礼记》等儒家经典书籍藏于孔子宅院的墙壁内，因此孔子之道得以保存下来。后人为了纪念孔鲋藏书的功绩，在此建造了一面红墙，这就是鲁壁。

漫步在曲阜，徜徉在“三孔”，感受儒家文化是一种难得的享受。在这片充满浓郁文化气息的天地间，很多代表或纪念儒家典故的建筑、景点早已孕育了灵性，更带有时光的痕迹，令人向往不已。

为纪念孔鲋藏书而建的鲁壁。

南京夫子庙 金陵文教中心

南京自古是繁华之地，秦淮河更是文化长廊，夫子庙在这样的环境里造就了一种别样的气韵。南京夫子庙也称为南京孔庙或南京文庙，与曲阜孔庙、吉林文庙、北京孔庙并称“中国四大文庙”，其位于南京市秦淮河北岸，因而被誉为秦淮名胜。南京夫子庙作为我国最大的传统古街市，浓厚的历史文化底蕴正是它真正的魅力所在。

南京夫子庙建筑群规模庞大，气势恢宏，由孔庙、学宫、贡院 3 大部分组成，照壁、泮池、魁星阁、棂星门、大成殿、明德堂、尊经阁等建筑分布其中，古色古香。汩汩流淌的秦淮河从此经过，繁华热闹更是不减当年。作为我国最大的传统古街市，夫子庙将古代文化和现代生活融合在了一起，呈现出一种别样的繁华热闹。

明远楼是江南贡院里最具代表性的建筑。

中国第一历史文化名河秦淮河不仅滋养了南京城，同样也美化了这座夫子庙。江南贡院临水而建，这里曾经是中国最大的科举考场，其中基础设施齐备，号舍达到 2 万多间，规模庞大，蔚为壮观，我国古代科举考试制度在此可以一一浏览。明远楼是江南贡院里最具代表性的建筑，它见证了这座贡院从盛到衰的整个过程，就像清代名士李渔题写的那副对联一样，“矩令若霜严，看多士俯伏低徊，群器尽息；襟期同月朗，喜此地江山人物，一览无余”。

大成殿内悬挂有一幅全国最大的孔子画像。

孔子作为我国古代著名的教育家，不仅教出了 3000 弟子 72 贤，而且其教育思想一直影响了中华民族几千年的历史。南京夫子庙中的孔庙也是一座纪念孔子的宝地，大成殿作为夫子庙的主殿，象征着兴学、兴教之意。大殿之中孔子画像高高挂起，这幅画像高 6.5 米，宽 3 米多，堪称全国之最。殿内四处各种编钟、编磬等古代乐器陈列，定期会有大型的祭孔表演，规模宏大，盛况空前。墙壁上以孔子生平的故事为主题的壁画重现了千年前的生活，在这里人们可以细细回顾“孔夫子”的一生。

素有“东南第一学”的学宫坐落在大成殿之后，是古代科举考试留下的遗迹。

素有“东南第一学”的学宫坐落在大成殿之后，是古代科举考试留下的遗迹，其中明德堂、尊经阁、青云楼等建筑十分出名，当地人尽皆知。明德堂作为学宫的核心建筑，在古时候是秀才们每月十五听训导宣讲的地方，然而一般我们常见的都称为“明伦堂”，只有南京夫子庙的学宫叫作“明德堂”。相传宋朝状元文天祥曾经来过南京夫子庙，还帮这里题写了一块匾，当时写的就是“明德堂”三字，不知是笔误，还是有意为之，没有人知道，从此之后，这座厅堂便一直以“明德堂”为名，一直传到今天。

刘禹锡的“朱雀桥边野草花，乌衣巷口夕阳斜。旧时王谢堂前燕，飞入寻常百姓家”常常被人吟诵，但很多人并不知道乌衣巷在哪里，其实乌衣巷离南京夫子庙数十米。从东汉末年三国吴军的乌衣营，到东晋名相王导、谢安的宅院，时光荏苒，物是人非，难怪唐朝大诗人刘禹锡一提笔就写尽人世苍凉和韶光易逝。因诗成名的乌衣巷经常有人光顾，乌衣井也渐渐为人所知了，翻开历史的书页，这又是一个新的故事。

旅游小贴士

地理位置： 江苏省南京市

最佳时节： 春夏秋季

开放时间： 全天开放

旅游景点： 大成殿、江南贡院、学宫、民间艺术大观园

北京孔庙 中国四大文庙之一

北京孔庙始建于元朝大德六年（1302 年），历经 4 年建成，此后元、明、清 3 代常常在这里举行祭孔仪式。北京孔庙位于东城区国子监街，经过百年营造，建筑宏伟，规模庞大，与曲阜孔庙、吉林文庙、南京夫子庙并称“中国四大文庙”。

尽管历经几百年的岁月，北京孔庙依旧保持着元代的建筑风格，整体布局分成三进院落，中轴线由南到北延伸，大成门、大成殿、崇圣门及崇圣祠等建筑依次排列，颇具规模。如今的北京孔庙作为首都博物馆迎来了更多的游客，使得这座古老的建筑群又一次焕发出新的光彩。

大成殿是北京孔庙的核心建筑，面阔九间，纵深五间，气势恢宏，蔚为壮观。重檐庑殿顶高耸，琉璃瓦细如鱼鳞，密密铺开，金光闪闪，使人睁不开眼。这座殿里供奉着孔子，以及颜渊、子思、曾参、孟轲四大弟子等人，可谓是儒家圣贤云集之处。崇圣殿在大成殿之后，位于一个独立的院落中，其中主要奉祀孔子五代先人和 4 位先哲之父，殿中庄严而肃穆，文化气息浓厚。

旅游小贴士

地理位置：北京市东城区

最佳时节：四季皆宜

开放时间：(旺季)08:30 ~18:00;

(淡季)08:30 ~ 17:00

旅游景点：先师门、大成门、大成殿、崇圣祠

进士碑林。

古代读书人最向往的事莫过于金榜题名，进士及第，这不仅是平民走向仕途的通道，也是学子们最高的荣誉。北京孔庙的进士碑林仿佛历代高中者的花名册，包括了元明清三代198座石碑，共计 51624 位进士，也包括前三甲状元、榜眼、探花的名额。进士碑上明确地刻有考生的姓名、名次、籍贯等信息，在这里我们可以找到明朝写《石灰吟》的于谦，或者清末虎门销烟的林则徐等诸多历史名人。

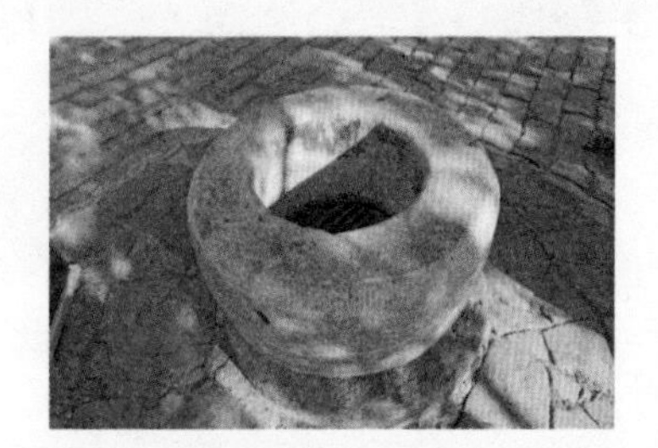

砚水湖是孔庙里的一口古井。

砚水湖并不是湖，只不过是孔庙里的一口古井。砚水湖因为有地下水的补充，所以一年四季都水量充沛，还常常溢出井口，于是就有了“满井”这一称呼。砚水湖水质清冽，清凉甘甜，如果取井中的水来研墨，据说墨里会带有浓浓的香气，能够使人思如泉涌一般，因此酷爱书法的乾隆皇帝也不禁为之赞叹，并赐名为“砚水湖”。甚至还有传闻说当年来京考试的学生拜完孔圣人之后，还要来砚水湖求取“圣水”，从而祈求自己在考试中可以顺顺利利。

苍劲挺立的触奸柏。

北京孔庙里的触奸柏也十分有名，据说元代国子监祭酒许衡栽下这棵柏树之后便一直枝繁叶茂，虽然已历经 700 年的岁月，但是它依旧苍劲挺立，如同一位鹤发童颜的老人，苍老而又生机勃勃。相传明朝的一天，奸相严嵩来孔庙参加祭孔典礼，经过这棵古柏下面时，戴在头上的乌纱帽却被树枝掀掉了。奇怪的是几年后，古柏上长出了一个树瘤，好像龙爪抓住了人头，和前事一联系，人们便传出了古柏辨奸臣的故事，于是这株柏树也被称作了“触奸柏”，一直流传至今。

北京孔庙和其他各处的孔庙一样，都是儒家留给我们最真实可触的历史遗迹，它们传输着永不会衰老的精神给养，为我们这个民族保存了古老的根脉。

解州关帝庙 武圣人故里

中国古代历史上有两位圣人，一文一武，文者是孔丘，武者为关羽。就算没有读过《三国演义》，相信你也知道关羽这个名字，他已经成为我国传统文化和民间文化不可分割的一部分。现如今全国各地的关帝庙不计其数，其中最著名的就是山西解州和河南洛阳这两处。

解州关帝庙建于隋朝初年，历史悠久，其作为关羽故乡所在地，意义非比寻常。解州关帝庙建筑布局主要由 4 大部分组成，规模庞大，气势宏伟，其中结义园、君子亭、稚门、午门、崇宁殿、春秋楼等建筑备受瞩目。

关羽作为蜀国“五虎上将之首”，一生戎马，纵横南北，名满天下。午门中的 144 幅浮雕，深刻地重现了这位千古名将的传奇一生。站在午门前，单檐庑殿顶下面回廊展开，廊内雕栏石砌而成，古朴典雅。栏板上浮雕精美，内容丰富，从刘关张桃园结义讲起，

旅游小贴士

地理位置：山西省运城市解州镇

最佳时节：四季皆宜

开放时间：（3 月 21 日至 10 月 31 日）08:00 ~ 18:00；（11 月 1 日 至 3 月 20 日）09:00 ~ 17:00

旅游景点：琉璃龙壁、端门、午门、御书楼、崇宁殿、刀楼、印楼、春秋楼

关帝庙稚门。

一路上过五关斩六将、千里走单骑等，波澜壮阔，生动传神，使人不禁联想起《三国演义》中的片段。

和三国时期的关羽相比，后世人眼中的关羽已经不再是凡人了，而是神的存在，宋徽宗曾亲封关羽为“崇宁真君”，足以说明这点。崇宁殿作为关帝庙的核心建筑，宛如神仙居住的天上宫阙，月台前古木参天，苍翠欲滴，绿茵深处华表、锦旗、塔双双对立，富丽堂皇可见一斑。遥看殿顶，重檐平阔，琉璃瓦细如鱼鳞，金光灿灿，檐下斗拱天画令人目不暇接，绕廊 26 根雕龙石柱笔直挺立，大殿面阔七间，气势雄伟。门侧 3 把青龙偃月刀寒光照人，重约 150 千克，可见关羽天生神力。殿上关羽一身帝王装束，头戴冠冕，手捻长须，面如重枣，丹凤眼卧蚕眉，一团正气。横额高挂康熙御题的“义炳乾坤”，正是关羽一生义薄云天的真实写照。

崇宁殿的大殿明间有乾隆手书“神勇”横匾。

如果说关羽是一代儒将，一点也不为过，无论行军打仗，还是闲来无事，《春秋》从不离身。关帝庙中的“春秋楼”就是因关羽酷爱读春秋而取名的，楼内雕有一尊关公像，只见他神情平和，少了几分杀气和威武，多了一些宁静和儒雅，双目直盯在手中的书本上，全然忘记了周围的一切喧嚣。春秋楼又称麟经阁，建于明万历年间，分成上下两层，下层藏有 108 面木制的隔扇，精妙美观，据说其代表了山西自古以来的 108 个县，上层相对更加神秘，其中“三绝”最受人关注，“一绝”指上层垂柱使人产生的悬空感觉；“二绝”是关羽夜读《春秋》像后板壁上的正楷“春秋”二字，笔力苍劲，入木三分；“三绝”为夜里看星星时，就会发现楼当项正对北斗七星，真可谓是妙趣横生。

九龙壁上游龙舞动，栩栩如生，可见雕刻水平高，手法精巧。

关帝庙艺术造诣颇高，无论是古建筑群，还是各种样式的雕塑，或者古代器物，都是难得一见的精品。除此之外，历朝历代仰慕关公的文人墨客、社会名流、皇亲国戚等也都在此留下过很多珍贵文物，也值得欣赏一番。

丰都鬼城 中国神曲之乡

《西游记》《聊斋志异》《封神榜》等我国古典小说中，都曾多次提到“阴曹地府”“幽冥鬼都”，阴森幽暗，十分恐怖。那些鬼神显然都是杜撰出来的。重庆丰都县的北岸的山上，有一座以神奇传说而著称的古城——丰都鬼城。

丰都鬼城，古为“巴子别都”，一座起源于汉朝的历史文化名城，距今已有2000 多年的历史，具有十分深厚的文化底蕴。丰都鬼城又被称为“幽都”“鬼国京都”，据魏晋时《度人往》记载，“丰都坐落在六天青河旁，宫阙楼观贵似天庭，鬼帝坐镇在此，统亿万鬼神。”这里是传说中人类灵魂的归宿之地，几千年的历史文化积累使这里也成为一座民俗文化艺术的宝库，堪称“中国神曲之乡”。

旅游小贴士

地理位置：重庆市丰都县

最佳时节：春秋季

开放时间：06:30 ~ 17:30

旅游景点：奈何桥、鬼门关、黄泉路、十八层地狱、天子殿

丰都鬼城地处长江上游，依山面水，层峦叠嶂的山峦、郁郁葱葱的林木、漂浮不散的云雾、若隐若现的楼阁，更为其增加了一份阴森与诡秘，使其名副其实。丰都鬼城主要分为两部分，一边是依平都山而建的老丰都鬼城，主要为古建筑，另一边是近些年逐渐开发的双桂山，为鬼城的“阳间”。俗话说“山不在高，有仙则名”，平都山曾是东汉时期阴长生和王方平两个方士修炼成仙后飞升的地方，又是道家“三十六洞天，七十二福地”之一，所以声名远播。后人附会“阴、王”为“阴王”，阴间之王的居所即为“鬼都”，平都山逐渐便成了“阴都”。唐代诗人李白的“下笑世上士，沉魂北丰都”，使其鬼城之名更加声名远播。又因封建社会的世间多有不公，人们虽愤慨却又无可奈何，内心对光明、公平、正义的渴望，只能向阴曹寻找，在古人创造的鬼国里依据人间的司法体系，营造了一个等级森严又公正严明的“阴曹地府”惩恶扬善，教化世人。

黑白无常一黑一白，行踪飘忽不定，是人们熟知的索命鬼。

哼哈祠内塑哼哈二将，怒目圆睁、高大威严。亨将郑伦，哈将陈奇都曾是商纣王的大将，周武王灭纣后，姜子牙封神，封郑伦和陈奇的主要职责是镇守山门，保护法宝及寺庙的安全，即守门神。报恩殿建于民国时期，殿内供奉着报恩菩萨目莲，以及他的两个弟子闵公和闵志。目莲是释迦牟尼的十大弟子之一，具有广大神通，却又及时行孝，受世人敬仰。

哼哈祠。

奈何桥。

半山腰的廖阳殿前，有 3 座完全相同的石拱桥并列于池上，这就是传说中的奈何桥，建于明朝永乐年间，是隔绝生与死，连接阴间与阳间，审判善良与罪恶的“试金桥”。桥面呈拱形，用青石铺就，桥两侧有雕花石栏。传说人死后都要喝下孟婆汤，走过奈何桥，忘却前尘，投向新生。桥下石砌而成的池子被称为“血河池”，人死亡后的亡魂必要经过奈何桥，行善者可在神佛的保护下顺利过桥，而恶者则会被打入血池。

传说中过了奈何桥便是鬼门关，这是进入鬼国的必经关卡。无论你前世为何人，到此都必须接受检查，只有持有鬼国通行证——路引，才能到鬼国报到，转世投胎，否则你便是孤魂野鬼，没有归处，只能在天地间飘荡。

鬼门关是人死后进去冥界的入口。

天子殿坐西向东，位于名山的山顶上，始建于西晋，距今已有 1600 多年的历史。现存的是清康熙年间重建的殿宇，其原名阎君殿，俗称天子殿。天子殿是这座鬼城的核心建筑，是阴曹地府的统治者阎罗王所居之处，结构严谨，工艺精湛，雄伟壮观，是名山上建筑面积、规模最大、保存最完整、年代最久远的一座庙宇。平都山上的阴世鬼都观赏过后，来到横跨两山之间的“阴阳桥”，这架铁索吊桥是仿古建筑，跨过之后就可以来到“阳间”双桂山。双桂山与平都山毗邻，风景优美，如诗如画，建有近些年开发的鬼国神宫和阴司街。

世间无鬼，鬼由心生，愿我们每一个人都能把好心间的那一道关，保持纯净的心灵，维持和谐的世界。丰都鬼城，一个虚幻的世界，一口高悬的警钟。

天子殿是丰都鬼城的核心建筑。

棠樾牌坊 慈孝天下无双里

棠樾历史悠久，是鲍氏聚居之地，自南宋始建以来，已有800多年的历史。鲍氏家族是一个以“孝悌”为核心，奉行封建礼教、儒家伦理的大家族，因此，历朝历代家族中忠臣、孝子、节妇层出不穷。再加上崇文重教，重视伦理，家族经营有方，人才辈出，经济实力雄厚，为宣扬封建礼教、光耀门楣，营造了许多宗法、纪念性建筑，棠樾牌坊群就在其中。

鲍灿孝行坊。

“棠”为棠梨树，“樾”指树荫下，“棠樾”即为棠荫之处。棠樾因牌坊群聚而闻名，在村口屹立着以“忠、孝、节、义”为顺序的7座牌坊，分别为鲍灿孝行坊、鲍文渊继吴氏节孝坊、乐善好施坊、慈孝里坊、鲍文龄妻汪氏节孝坊、鲍逢昌孝子坊、鲍象贤尚书坊，是全国目前仅存的最大的牌坊群，因此棠樾常被称作“牌坊之乡”。

7 座牌坊依次排列在棠樾村头大道上，其中明代有 3 座，清代有 4 座，这些牌坊建筑可以说是明清时期牌坊建筑的代表之作，具有极高的艺术价值和文物价值。7 座牌坊虽然历经几百年的岁月，但是依旧风采奕奕。

鲍文渊继吴氏节孝坊。

鲍文龄妻汪氏节孝坊。

鲍文渊继吴氏节孝坊是棠樾牌坊群中极为特殊的一座，在我国的牌坊中也很有地位，牌坊的设立打破了古代继妻不准立坊的常规。牌坊又称“节劲三冬”坊，建于乾隆三十二年（1768 年），是鲍氏子孙为继母所建，当年的吴氏作为继妻进入鲍氏的家门，不久后丈夫鲍文渊病逝，刚过门不久的吴氏矢志守节，决定终身不改嫁。此后的时间里，尽心孝敬公婆，努力抚养年幼的孩子成为吴氏的日常生活，更难能可贵的是年逾六旬的吴氏将平时省吃俭用积攒的私房钱全部捐出，用于修缮鲍氏家族的祖坟，这样的举动令鲍氏全族大为感动，逐上报官府至朝廷为其立牌坊表其孝贞。

乐善好施坊是最后建造的牌坊，建于清嘉庆二十五年（1820 年），当时鲍氏子孙鲍漱芳官至两淮盐运使司，见家族已有“忠、孝、节”三字牌坊，却唯独缺少“义”字，便向皇帝请求恩准赐建“义”字坊，以光宗耀祖。建成后的牌坊气势轩昂，建造精细，额枋、拱板、月梁等部分都有精美的花纹雕刻，与其他 6 座牌坊相辅相成，极为壮观。

除了牌坊，棠樾还有一处国内罕见的女祠堂。清懿堂是棠樾独一无二的祠堂，俗称女祠，也打破了“女人不进祠堂”的旧例。这座祠堂是一座三进五开间的建筑，整个布局结构紧凑，风格端庄秀丽，尤其是砖雕石刻精彩纷呈，被誉为徽地祠宇的砖雕之最。

看着这一排雄伟的牌坊，古朴中蕴藏着严格的封建社会“忠孝节义”的伦理道德，也或许正是这种对伦理纲常的推崇，棠樾才能在历史的长河中保存下来，成为重要的历史古镇。

旅游小贴士

地理位置：安徽省黄山市歙县

最佳时节：春秋季

开放时间：07:30 ~ 17:30

旅游景点：鲍家牌坊、鲍家祠堂、鲍家花园

武侯祠 三国圣地

汉昭烈庙大门。

杜甫的“丞相祠堂何处寻，锦官城外柏森森。”这句诗中的丞相祠堂，指的就是坐落于成都南部的武侯祠，为纪念三国时期蜀国丞相诸葛亮而修建的祠堂。诸葛亮生前被封为武乡侯，死后谥号忠武侯，后人便尊他为武侯。

虽然大家都称它为武侯祠，实际上它却并不是纯粹地为纪念武侯诸葛亮而建的，而是由刘备和诸葛亮这对有着千古美谈的明君贤臣合祀而建的，也是我国唯一一座君臣合祀的庙宇。在祠堂的正门悬挂着“汉昭烈庙”的横匾，“汉”为刘备政权的称号，“昭烈”是刘备死后的谥号，说明此处为祭祀蜀国皇帝而建，但为何大家都习惯于称呼它为武侯祠呢？从这首“门额大书昭烈庙，世人都道武侯祠。由来名位输勋业，丞相功高百代思”民间流传的邹鲁的诗中，可窥其缘由。这里虽为祭祀刘备而建，但是因诸葛亮所做出的伟大功绩，使得百姓对他的尊敬与爱戴远远超过了皇帝刘备，人们便忽略了君臣之仪和这座庙宇的本来名称，而称呼它为武侯祠。

武侯祠大门后，两侧分别是一碑廊，在绿荫的映衬下散发着浓郁的历史古韵，记录着深深的时代刻痕。这些石碑多由不同的时代雕刻而成，内容丰富多彩，各有不同。其中最有名的、最大的一块便是位于东侧廊碑内由唐宪宗时所立的《蜀汉丞相诸葛亮武侯祠堂碑》。这座著名的三绝碑由唐代著名的宰相斐度撰文，书法家柳公绰书写，名匠鲁建篆刻，因文章、书法、篆刻均出自名家，所以被世人誉为“三绝碑”。除此之外，还有着重介绍祠庙的发展历史的明碑和介绍武侯祠的修建与维护方面的清碑，都是极其重要的历史文物，具有极高的历史研究价值。

二门正面高高悬挂“明良千古”匾额。“明”指的是明君，“良”指的是臣良，昭示着“明君良弼，千古垂范”之意。三国时，刘备为求贤才三顾茅庐，诸葛亮为报知遇之恩鞠躬尽瘁死而后已，堪为君臣之典范，为后人所敬仰，可谓是明君贤臣的典范。穿过二门，气势恢宏的刘备殿便出现在眼前。走进殿内，迎面看到身材雄伟高大、仪容庄重肃穆的刘备塑像， 约 3 米高，是武侯祠内最高的一尊像，充满君王气概，他的孙子刘谌陪祀左侧。蜀汉后主刘禅的塑像以前是陪祀在旁的，后来被宋真宗时的当地官员移了出去。

刘备殿后数节台阶，通向一座悬挂有“武侯祠”匾额的过厅，这就是纪念三国时蜀国丞相诸葛亮的祠堂。殿上悬挂着“名垂宇宙”匾额，两侧有清人赵藩撰书的对联：“能攻心则反侧自消，自古知兵非好战；不审势即宽严皆误，后来治蜀要深思。”被大家称为“攻心”联，通过对蜀汉政权、刘璋政权和诸葛亮的成败是非加以分析概括，来警醒后世人在治国时要懂得借鉴前人的经验与教训，既会“审势”又懂得“攻心”。

尽管时间早已将这一切掩埋，但是那些故事依旧还在耳边回响，数不尽的风流人物、乱世英雄至今受人推崇。看着那一处处的古迹，一座座的雕塑，我们缅怀、追忆古人的同时，也在思考人生，审视自己。

旅游小贴士

地理位置：四川省成都市

最佳时节：四季皆宜

开放时间：08:00 ~ 18:30

旅游景点：汉昭烈庙、三绝碑、刘备殿、武侯祠

纪念诸葛亮的祠堂——武侯祠。

诸葛亮是三国蜀国的丞相，辅佐刘备建立了蜀汉政权。

杭州岳王庙 民族英魂圣地

从“靖康耻，犹未雪，臣子恨，何时灭”的满怀悲愤，到“还我河山”的慷慨激昂，岳飞始终如一的爱国情怀感人至深。岁岁年年，匆匆几何，这位民族英雄虽然早已逝去，但他巍然高耸的形象依旧矗立在每一个人的心头，如同一座“精忠报国”的历史丰碑。

西湖自古多情之地，岳湖上的人流泪最多。岳王庙坐落在杭州西湖栖霞岭南侧，岳湖对面，这里埋葬着民族英雄岳飞父子。这座庙始建于南宋嘉定十四年（1221 年），是宋孝宗为岳飞父子平反昭雪后所建。相传当时岳飞带兵正在前线与金兵作战，秦桧、张俊等奸臣以“莫须有”的罪名连下 12 道令牌急招他回朝，尽管岳飞知道回朝后凶险万分，但他还是义无反顾踏上了归途，结果被赐死在了风波亭。就在临刑之前的罪状书上，岳飞写下了“天日昭昭，天日昭昭”来向天控诉，然而早已昏庸的皇帝又怎能体会他的精忠报国之心呢？

门楼上刻有“青山有幸埋忠骨，白铁无辜铸佞臣”的楹联。

就像诗人臧克家写的“有的人死了，他还活着……”，历史在那一刻抹杀了这位英雄，但是他的姓名却深深刻在了青史的卷轴之上。岳王庙陵园内有 125 块历代仁人志士纪念岳飞的石碑，由此可见他的影响有多么深远。整座陵园从门口处的“精忠柏亭”开始就奠定了爱国情怀的基调。亭内放着 8 段柏木，其未被砍伐时曾在风波亭旁，岳飞父子被害之后，不久它便枯死了，所以人们将其称作“精忠柏”，后来陵园建成时将它移植到了岳王庙，作为陵墓的守候者。然而据专家鉴定，这棵树并不是南宋时期的树木，而是有着 1000 多年历史的植物古化石，尽管如此，人们依旧愿意把它当成“精忠”的象征。

精忠柏亭。

青色的甬道两旁石虎、石羊、石马和石翁仲排列开来，在苍翠欲滴的树木的映衬下显得更加古朴凝重，甬道尽头就是岳王庙的正殿忠烈祠。这是一座气势恢宏的双层殿阁，重檐屋顶上青瓦密密铺开，檐角微翘，庄严肃穆。殿堂内金碧辉煌，最引人注目的是岳飞的全身彩色雕像，栩栩如生，犹如真人一般。他一身浩然正气，武将风范一览无余，目光炯炯直视前方，使人心生敬意。殿内梁上高挂匾额，例如“碧血丹心”“浩气长存”等，无一不在表达对这位风流人物的仰慕，四周墙壁上的壁画美轮美奂，那些细腻的笔法勾勒出了岳飞一生的轨迹。

岳王庙正殿忠烈祠。

岳飞墓位于忠烈祠西边，四周松柏常青，环境清幽宁静。这里有两座墓，一座是宋岳鄂王墓，即岳飞之墓，另一座是岳飞长子岳云的墓。这一门忠烈死后依然紧挨在一起。墓前古道旁文武俑、石马、石虎等雕刻站立，十分威严，石阶之下跪着 4 个人像，他们就是曾陷害岳飞的秦桧、王氏、万俟卨、张俊，真可谓“青山有幸埋忠骨，白铁无辜铸佞臣”，忠奸到头自有公论。

岳飞、岳云的冤案昭雪后，被安葬在了西湖旁。

岳母刺字的故事流传千古，常常被用来赞美那些深明大义的母亲，同样有关于岳云、岳雷的民间传说也脍炙人口，许多的评书、戏文都有他们的身影，这样的少年英雄更是孩子们学习的榜样，所以岳王庙永远都是一处精神的圣地。

旅游小贴士

地理位置：浙江省杭州市

最佳时节：四季皆宜

开放时间：07:30 ~ 17:00

旅游景点：墓区、庙区

兵马俑 世界第八大奇迹

西安骊山脚下那雄伟壮丽的秦始皇兵马俑，一个穿越历史迷雾的人间奇迹，使人震撼。那些或站立，或跪射的陶俑赫然便是威武的军队，他们跨过千年的历史守护着帝陵的主人。遥想当年，那确实是一个辉煌的年代，秦始皇扫六国统一了天下，开创盛世帝国，抵御匈奴，修筑长城，留下不朽的杰作……即使最后的帝陵也为后人留下了无数的谜。

嬴政作为我国封建王朝的第一个皇帝，被称为秦始皇。

《吴越春秋》曾记载："射之道，左足纵，右足横，左手若扶枝，右手若抱儿，此正持弩之道也。"这个正与秦俑中的立射俑姿态相符。立射俑出土于二号坑东部，雄赳赳的立射俑手持弓弩，与跪射俑组成了弩兵军阵。这些立射俑的装扮都十分轻便灵活，头发挽成发髻，身着轻装战袍，革带系于腰间，脚穿方口的翘尖鞋。立射俑的出现证明了秦始皇时期设计技艺的高超水平。而与之相对应的跪射俑是出土的秦俑中最为完整的兵马俑，从他们的铠甲上依稀可以看见曾经的红色涂层，这对文物研究来说异常珍贵。同立射俑一样，跪射俑也是出土于二号坑东部，他们身披战甲，头束发髻，脚上所穿也是方口翘尖履，呈单膝跪的姿态，双手放在身体右侧手持弓箭。跪射俑雕琢精细，从他们的鞋底上甚至还能看到连接的线脚，工匠们细致的刻画技艺由此可见一斑。

这些秦俑在塑造时以现实生活中的真人为依据，通过简约明快又细腻的手法，为秦俑赋予了极为生动形象的面部表情。据说如果仔细查看，就能发现秦俑那白色的眼角，黑色的眼珠，甚至瞳孔的颜色都通过工匠写实的笔法活灵活现地呈现在世人的眼前。另外，从他们的着装、发饰以及手势还可以分辨出他们的身份和兵种。

站在临潼秦始皇兵马俑博物馆内，举目望去，只见威武的秦俑身穿战衣，面容严肃，冷俊之中透着缕缕杀气，精雕细琢的画像令人不得不惊奇于古人的高超技艺，其中由青铜铸造而成的骏马拉车最吸引人的眼球。4 匹骏马神态各不相同，在柔和光线下显现出淡淡的光晕，真切而又传神。强而有力的四肢上线条明显，可以使人联想到骏马驰骋英姿飒爽的情景。

1974 年兵马俑的出土震惊世界，并且得到“世界第八大奇迹”的高度赞誉，闻名海内外，使更多的人对古老的秦朝有了新的认识。发掘秦始皇陵得到了社会各界的高度关注，但是由于技术、资金等各方面的因素，发掘工作一直未能进行，直到今天这座庞大皇陵依旧被尘封在地下。然而这不再是一个神话一样的存在，因为兵马俑以及出土的相关文物资料正在渐渐揭开秦始皇陵的面纱，相信不久以后，我们能够看到像司马迁《史记》中描述的“以水银为百川江河大海，机相灌输。以人鱼膏为烛，度不灭者久之”的秦始皇陵。

旅游小贴士

地理位置：陕西省西安市

最佳时节：四季皆宜

开放时间：08:30 ~ 17:30

旅游景点：兵马俑

青铜马车部件完整，装饰华美，堪称青铜精品。

秦俑以真人为依据，手法细腻，简约明快，面部表情极为生动。

群雕气势恢宏，极力表现大秦帝国的强大。

乾陵 历代诸皇陵之冠

⬆ 石翁仲身形挺拔，双手紧握宝剑，双目圆睁，直视前方。

乾陵是武则天和唐高宗李治的合葬陵寝，建于唐朝光宅元年(684 年)，于唐神龙二年(706 年)加盖，周围伴有三王、两太子、四公主及薛仁贵等大臣的陪葬墓 17 座，形成众星捧月之势，闻名遐迩，四海皆知。虽然五代温韬曾利用职权，悉数盗尽了汉中唐墓，但是乾陵却从未被掘，直到新中国成立后，农民取土之时才无意间找到了乾陵所在，世人才有幸一睹它的庐山面目。

相传当年，唐高宗初登皇位，便开始筹备建陵一事。古人修陵建房选址时都十分看重风水，皇陵对此更加严谨，所以李治就派长孙无忌和太史令李淳风掌管陵墓择地的事情。有一天他们来到了咸阳乾县，发现此地的梁山绵延不绝，气势不俗，又有乌、漆二水相互环抱，形成水垣，极为难得，于是便上报给了高宗。大臣袁天罡却反对，他认为梁山虽然堪称风水宝地，但是山前双峰好像女乳，如果居于此处，日后必定被女人所制。李治听此言论，心中犹豫，但是武则天却深谙其中缘故，便力劝高宗在梁山建陵，因为她知道自己就是那个日后压制李治的女人。

乾陵以山为陵，从南向北慢慢地势升高，巍巍高耸的山势绵绵相依，气势磅礴，常有“历代诸皇陵之冠”之美誉。横着看去，3 座青山的姿态犹如一位侧卧的少妇，长发落在肩上，所以乾陵又有“睡美人”的雅称。乾陵坐落在梁山最高的北峰之上，南面双峰较矮，又称“乳峰”，南北之间司马道笔直伸展，直通唐高宗陵墓，沿途风光别致，清幽宁静。

陵墓城墙四面，按照东西南北方位，设有青龙门、白虎门、朱雀门、玄武门4座城门。踏上头道门的537级台阶，前面直接“司马道”。司马道又名神道，即神行之道，一般大型的陵墓之前都会有，然而乾陵的司马道更为壮观，犹如一条长河从山峦之间流出，一泻千里。司马道路面开阔，深入山岭，灰白色的古道在山峰的翠绿映衬下，显得素雅庄严。路旁《无字碑》《述圣记碑》东西对峙，华表挺拔矗立，翼马、鸵鸟、石狮、翁仲等石雕平行排开，61 尊王宾像形成列阵，仿佛阅兵一般，蔚为壮观。

无字碑。

站在无字碑前，面对这块 7.53 米高，2.1 米宽，重达百吨的巨石，历史的凝重会不经意地袭上心头。碑上 9 条螭龙鳞爪飞扬，穿云入海，王者的气概展露无遗，碑座阳面狮马相斗的图案线条细腻，生动传神，然而碑上却没有一个字，令人诧异。据说当年武则天建造无字碑时，曾经说过自己的功过是非都留给后人评说，由此可见她胸襟坦荡。作为中国古代唯一的女皇帝，武则天曾经叱咤风云，坐拥天下，为自己取名“曌”，意比日月当空，野心勃勃。尽管如此，她继承了唐太宗的遗志，开创了“贞

壮观的司马道。

旅游小贴士

地理位置：陕西省咸阳市

最佳时节：四季皆宜

开放时间：(旺季)08:00 ~18:00;（淡季）08:30 ~ 17:30

旅游景点：乾陵地宫、无字碑、太子墓、公主墓

观遗风”，同样为大唐王朝的繁荣昌盛做出贡献，所以许多历史名人观其一生都感慨万千，就如同面对这块无字碑一样，毁誉参半，难以评说。

《述圣记碑》在司马道的西边，碑体分成 7 节，代表了日月和“五行”，象征着唐高宗李治一生的政绩功德，因此又称“七节碑”。碑顶呈庑殿式，檐角装饰精美，雕刻古朴，底座上接五节碑身，铭文金光闪闪，引人注目。据说《述圣记碑》上的铭文是武则天亲自编撰，然后由儿子唐中宗李显题字完成的，原文为骈体格式，皆用楷书写成，共计 6000 多字，字字贴金。虽然李治并非原来旧时的史学家所认为的昏愦无能，但是自从武则天执政后，高宗便自然丢失了实权，加上自身的羸弱多病，不久便驾崩了，然而他病毙洛阳后的尸骨终究还是回到长安，最后葬在了乾陵。

乾陵地宫如今依旧是个谜，随着周边陪葬墓的发掘，考古专家对于地宫的结构已经有了初步的把握。按照研究推测乾陵地宫可分成前、中、后 3 个墓室，耳室有无尚无结论，但从太子和公主墓里得到的线索来看，地宫中的陪葬品必定丰富。《述圣纪》碑记载高宗临终遗言要将毕生深爱的书籍、字画等稀世珍宝一起放进乾陵，如果记录属实，那么乾陵开棺之时一定会震惊世界。

乾陵共有两座太子墓，一为章怀太子（李贤）墓，一为懿德太子（李重润）墓。

宋陵 北宋皇陵墓群

人常说："生在苏杭，葬在北邙"，"北邙"指的是邙山，位于巩义市境内，毗邻嵩山，北依黄河，两岸山色清秀，风景优美，自古以来就被视为一处风水宝地，宋陵正位于这里。宋陵指的是北宋皇帝及其陪葬宗室的陵寝，占地156平方千米，大约有300多座陵墓，规模庞大，蔚为壮观，被视为我国中部地区最大的皇陵群墓区。

北宋960年建都汴京（现在河南开封），1126年被金国所灭。从太祖赵匡胤到钦宗赵恒尽管一共9个皇帝，但"靖康之变"徽、钦二宗被掳走，最终死于五国城，所以巩义宋陵中只有7座帝陵，

永昌陵陵丘巨大，被青草覆盖，像一座小山丘。

旅游小贴士

地理位置：河南省巩义市

最佳时节：四季皆宜

开放时间：08:00 ~ 18:00

旅游景点：西村陵区、蔡庄陵区、孝义陵区、八陵陵区

人们常说的“七帝八陵”由此而来，这第八座陵墓埋葬的是赵匡胤的父亲赵弘殷。除此之外，皇后妃子、国戚宗亲、功臣名将等陪葬陵墓星罗棋布，点缀四方，其中最引人瞩目的莫过于寇准、包拯等千古流芳的名人墓冢。

众所周知，宋朝在我古代是一个十分重视礼教的朝代，社会等级森严，尊卑明显，就连北宋皇陵也能够反映当时的社会层次。北宋皇陵从分布上可以大致分为四大陵区，即西村陵区、蔡庄陵区、孝义陵区、八陵陵区，包括永安、永昌、永熙、永定、永昭、永厚、永裕、永泰等陵墓，其中埋葬着赵弘殷、赵匡胤、赵光义、赵恒、赵祯、赵曙、赵顼、赵煦这些宋代皇族，陵园规制基本相同，其他陪葬陵则低一等级。这些陵墓贯穿了整个北宋的历史，从陵园石像、碑刻等遗迹能够十分清楚地看到时代变迁的轨迹。

从陈桥兵变到赵匡胤登基建立大宋王朝，中国封建统治又进入了新的时期。谈到这位皇帝，历来的评价都是毁誉参半。有人说他杯酒释兵权，无疑是以文治武的始作俑者，才导致了后来的外族入侵中原的局面，但是也有人说在他短暂而漫长的 50 年的

永裕陵为宋神宗的陵墓。

永昌陵石象雕刻精美，具有很高的艺术观赏价值。

一生中结束了五代的纷乱，统一中华，已经十分不容易了。据说北宋开宝九年（976 年），赵匡胤自知命不长久了，出巡视察的时候，特意前去永安陵拜祭父母。面对黄土坟丘，他不禁感慨时光短暂，人生如梦，功过是非不值一提。于是抽出一支箭朝西北射去，士卒在落箭的地方挖出一只石马，赵匡胤便将此地命名为了“永昌”。几个月后，他就暴病而亡了，其死后所葬之地就是“永昌陵”。永昌陵坐落在西村陵区，毗邻永安陵。如今遗留下来的四门神墙中南门处石刻最多，尚有 39 件，阙台、乳台、鹊台等古代陵墓建筑十分宝贵。

永定陵位于蔡庄陵区，是宋真宗赵恒的陵墓，至今都未正式开掘，因此最为神秘，环视四周 16 座土丘，令人更是疑惑不解。虽然永定陵地面上的陵墓建筑早已损毁，但是各种石刻雕像依旧保存完好，例如石狮、石虎、石羊、石马等，栩栩如生，雕刻技艺高超，使人为之赞叹。相传曾经负责修筑永定陵的丁谓是一个谄媚之徒，在相府的宴会上为寇準擦胡须上粘的菜汤，却被寇準喝退，没想到后来小人得势又处处排挤这些忠臣，不禁使人扼腕，然而历史还是给了他们最公平的审判。现在宋真宗陵墓旁陪葬陵中最引人注目的就是寇準、包拯等忠臣的坟墓，他们带着后人的尊敬和爱戴，在此守着这个神秘的时代遗迹。

栩栩如生的石马雕像。

西夏王陵 东方金字塔

西夏王朝，是中国历史上不能磨灭的记忆。曾经由党项人建立的政权在西北高原上存在了 180 多年，令人为之感叹。如今黄沙遮盖了当时的辉煌，但位于宁夏银川市西的西夏王陵依旧为我们留下了历史的遗迹。

1038 年，党项首领李元昊称帝建立了西夏，定都兴庆府，就是今天宁夏银川市。当时从黄河到雁门关之间的大部分土地都尽归西夏所有，连北宋和大辽都敬它三分，因此形成了三足鼎立的局面，可谓是雄踞一方。西夏王朝经历了10代帝王，最终被新崛起的蒙古所灭，尽管如此，近200年的辉煌依旧使人们对这段历史着迷。

回顾峥嵘岁月，西夏的铁蹄声声入耳，现在保存在银川的王陵向世人展开了一幅新的画卷。作为我国现在规模最大、地面遗址保存最为完整的帝王陵园之一，西夏王陵不仅是西夏文化的载体，也是多民族交流的见证，除羌族自身的民族特色之外，它还吸收了汉族陵墓建造的特点，因此才赢得了“东方金字塔”的美誉。在这座陵园内，埋葬着西夏王朝历代的皇帝以及 200 多名皇室宗亲，规模宏大，蔚为壮观。

据说王陵在建造之初，设计者从布局上进行了周密的安排，并且要求每个陵园都必须包含地下的陵寝、墓室、地上的建筑和园林，以突出特色。而且其中作为核心的建筑的帝陵需要建造得更加细致，比如阙台、神墙、碑亭、角楼、月城、内城、献殿、灵台等部分，一样都不能缺少。所以工程量相当巨大，同时耗费的人力、物力、财力都是可想而知的，尽管如此，王陵还是建成了。

置身在西夏王陵中，随处可见高耸的阙台、月城、陵台等遗迹。虽然风沙损坏了其中的一部分文物，但是留下来的依旧赫然挺立。泰陵俗称“昊王坟”，是西夏开国皇帝李元昊的坟冢，其位于西夏博物馆西南，规模最大，宏伟壮观。看到这处陵寝，不禁让人想起了具有传奇色彩的一代豪杰——李元昊，据说他早年就力劝父亲反宋，并且提出了一系列加强国家防御、军队建设、政治管理的建议，足可见他的雄才大略。果不其然，他经过励精图治，使得国富民强，便立即脱离了宋朝的控制，建立了西夏，并且名留青史，成为一代豪杰。

嘉陵的主人李德明是李元昊的父亲，在历史上也是一位举足轻重的人物。李德明行事稳重，善于谋略。他最大的政治手段就是依附大辽，又与宋和睦，在国力弱小的时候能够懂得保存实力，发展自己。李元昊之所以有建国的实力，很大程度上都是李德明前期准备的结果。

匆匆的时光像刀一样在那些高耸的土台上留下历史的痕迹，西夏王陵变得越来越沧桑。新建的博物馆将陵墓里出土的文物收藏起来，隔着玻璃，你仿佛可以看到一个正在重新苏醒的时代。

旅游小贴士

地理位置：宁夏回族自治区银川市境内

最佳时节：四季皆宜

开放时间：08:00 ~ 18:30

旅游景点：西夏陵园坟丘、西夏博物馆

坟丘是由黄土垒成的高台，宛如金字塔一样。

西夏王朝帝王群雕气势恢宏，体现了西夏的强大国力。

明十三陵 京北奇观

明十三陵位于北京市西北的昌平区天寿山上，陵区面积 40 多平方千米，是历代陵寝建筑中埋葬皇帝最多的一座，明朝皇帝朱棣迁都北京后的 13 位皇帝都葬在此地。该陵区自永乐七年（1409 年）五月间开始动工，直到明朝的最后一个皇帝崇祯入墓，先后经过了 230 多年的时间，共修建了 13 位皇帝和 23 位皇后的陵墓，还有诸多的后宫嫔妃和皇子皇孙也在此下葬。

总神道两旁的石刻栩栩如生。

明十三陵四周群山环抱，绿水相绕，而陵园规模宏大、建筑雄伟、体制完善、结构严谨，具有极高的历史和文物价值。我国古代的历代帝王和王公贵胄都十分重视自己的身后事，都把陵墓建造得犹如生前居住的宫殿，这 13 座皇帝的陵寝皆是仿造皇宫建造的，显示了帝王唯我独尊的地位和君临天下的睥睨气势。在建造格局上，不管是选址或者是规划设计，这些陵寝建筑都与自然和谐统一。

青山环抱、绿水相绕的明十三陵名堂开阔，各个陵寝更是背依山、面向水，风景十分赏心悦目，更能显示皇帝陵寝肃穆庄严和恢宏的气势。著名古建筑专家罗哲文评价说："明十三陵建筑价值极高，长陵的楠木殿其规模是全国唯一的，石雕精湛，明十三陵无论是从建筑形式，还是建筑结构，或建筑艺术上看，是明代建筑的实物历史。"坐落在天寿山中峰下的长陵是明成祖永乐与皇后徐氏的合葬墓，最受世人推崇。

青山环抱下的康陵。

长陵是十三陵中建造最早、建筑规模最宏大、建筑用料最精细的一座皇帝陵寝，是明十三陵之首。长陵的陵宫建筑，占地约 12 万平方米。依山而建，居高临下的长陵为诸陵之中心，其他陵寝在其四周围之而建，并自成体系，各有格局。长陵整个陵园用围墙环绕，包括陵门、神库、碑亭、祾恩门、棂星门、宝城、明楼等。其中最有名的便是祾恩殿，它是明朝时帝后陵寝的主要

长陵的祾恩殿仿照金銮殿建成，专门供奉帝王灵位和举行大型祭祀活动。

旅游小贴士

地理位置：北京市昌平区

最佳时节：春秋季

开放时间：(4月1日至10月31日）定陵 08:00 ~ 17:30，长陵 08:00 ~ 17:00；(11月1日至次年3月31日)定陵8:30 ~ 17:00，长陵 8:30 ~ 16:30

旅游景点：长陵、定陵、昭陵、康陵、神道

建筑之一，是举行祭祀活动的场所，殿面阔九间，进深五间，取“九五”之意。殿内装饰古朴大气、庄重肃穆，殿内木结构皆为金丝楠木构之，突出皇家之威仪。它也是我国现存最大的木结构建筑，虽已有 500 多年的历史，但依旧安稳如初。

明十三陵中的大部分陵寝墓室建筑都保存得十分完整，1956 年发掘的定陵也不例外。坐落在大峪山下的明定陵是明朝万历皇帝和他的两个皇后的合葬墓，在万历皇帝生前就已开始修建，历时 6 年完成，其规模之宏大，位居十三陵中最大的 3 座陵墓之一。定陵前有蟒山，背靠峪山，总体布局好似前方后圆，与古代的“天圆地方”说相符合。定陵挖掘后，如今可供游人参观，穿过地下通道，可见帝后棺椁以及装满陪葬品的 26 只朱漆木箱。

沿着 1000 米长的神道，由南向北望去，雄狮、獬豸、骆驼、象、麒麟、马、武将、文臣的石雕分布两旁，气势逼人。在这里，我们仿佛又看见那个曾经盛极一时的明王朝，就像一枚璀璨的明珠，在历史的长河里熠熠生辉。

定陵是明十三陵中最大的 3 座陵墓之一。

明孝陵 明清皇家第一陵

明孝陵是明太祖朱元璋与其皇后的合葬陵墓，坐落于南京市钟山南麓独龙阜玩珠峰下，被东部中山陵和南部梅花山所环绕。明孝陵青砖古墓，古木神道，幻化着千年故事，诉说着南京城的无尽沧桑。

自古以来，中国历代帝陵常常依山而建，建筑格局呈中轴对称分布，而明孝陵的布局却与以往的帝陵布局有明显的不同，明孝陵的神道与地宫并不在一条直线上，而是一种北斗七星天象形状的布局结构。这种不同于以往的陵墓设计与建造结构，直接影响着明清两个朝代 20 多座帝王陵寝的形制。因此，明孝陵在我国帝陵发展史上有着不可替代的地位，被誉为“明清皇家第一陵”。

旅游小贴士

地理位置：江苏省南京市

最佳时节：秋季

开放时间：06:30 ~ 18:00

旅游景点：神道、棂星门、方城、明楼、治隆唐宋碑

下马坊处的一座二柱石碑坊。

明孝陵陵区占地面积达 170 多万平方米，是我国规模最大的帝王陵寝之一。陵区的入口在下马坊，是古人祭拜下马的地方，如今还有嘉靖的“神烈山”碑、崇祯的“禁约碑”及一座二柱石牌坊存立，牌坊匾额上刻有“诸司官员下马”6 个大字。跨过御河，便是弯弯曲曲向前延伸的神道，分为了两段，一段是由东向西北延伸的石像路，另一段是南北走向的翁仲路。两条路因伫立不同的塑像予以区分。石像路上依次排列着狮子、獬豸、骆驼、大象、麒麟、骏马 6 种瑞兽，两两相对，栩栩如生；翁仲路上分列 8 尊文官武将的石像，文官肃穆儒雅，武将雄浑朴拙。除了这些精美的石刻艺术，神道两旁的景色也是非常优美，每到夏秋季节，两侧的树木绿叶青青，色彩斑斓，景色迷人。

神道之一的翁仲路上分列 8 尊文官武将的石像。

神道直达棂星门，跨过御河桥后就是明孝陵。这座皇陵主要的建筑包括文武方门、碑殿、享殿、大石桥、方城、明楼、宝顶等。朱红色的大门，黄瓦红墙，刻有“文武方门”鎏金大字的匾额彰显着明孝陵的皇家风范。迈进大门，走进碑殿，内有一只巨大的神龟背上驮有一块上书“治隆唐宋”4 个鎏金大字的石碑，字字圆润，是清康熙皇帝的御笔。

黄瓦红墙的文武方门。

方城紧挨着升仙桥，这是一座高约 20 米的方形城池，四四方方，故名为方城。在方城正中拱门处有一条台阶甬道，沿之而上便会看见刻有“此山明太祖之墓”的石壁，石壁后便是朱元璋和马皇后合葬陵墓，即为宝顶。宝顶呈圆形，四周遍植树木，苍苍郁郁，两侧有石阶，从此处登上建有宫殿式建筑“明楼”的城顶。站在明楼城墙上远眺，只见群山绵延，碧水环绕，古木森森，红墙黄瓦，交相掩映，气象不凡，明孝陵的全景尽入眼底，真不愧为龙盘虎踞的风水宝地。

方城之上的明楼。

明朝那些事，犹在耳边，只是当年的金戈铁马已作笑谈。回看承载着 600 多年沧桑的明孝陵依旧矗立，不禁使人感慨这座明清皇家第一陵的变迁，然而曾经的古人早已经在地下久久长眠。

明显陵 中南明代独陵

明显陵是明世宗嘉靖皇帝的父亲恭睿献皇帝朱祐杬、母亲章圣皇太后的合葬墓。它既是全国重点文物保护单位，世界文化遗产，也是中国中南 6 省区唯一的一座明代帝陵。

明显陵始建于明正德十四年（1519 年），有几百年的历史了，现在位于湖北省钟祥市城东北 5 千米的纯德山上，占地面积有 180 万平方米，十分壮观。这座陵园由王墓改造而来，“一陵双冢”的陵寝结构举世无双。明朝时陵寝的选址于结构设计都非常注重与周围山水林木等自然环境的和谐统一，追求“天人合一”的最高境界，所以，明显陵不管是庞大的建筑规模、精巧的布局构思还是高超的建筑艺术，都与自然环境有着完美的结合，为世人所称奇。

新红门。

明显陵的整个陵园由内外双城围建，外城依山而建，长3438米，纵深有1600多米，红墙黄瓦，金碧辉煌，在峰峦叠嶂中蜿蜒起伏，如同一条潜伏的巨龙，雄伟壮观。外城的门户新红门是陵园的入口处，用砖石雕砌而成，是明显陵由王墓扩建为帝陵的重要标志之一。自新红门进入，首先映入眼帘的是一条石板铺就的道路，这一条道路并不是普通的石板路，而是分成3部分，中间的石板路就叫“龙脊”，两侧的鹅卵石铺就的就是“龙鳞”，外边以牙子石包裹，这就是“龙鳞神道”。这是明代帝陵中唯一整体保留龙鳞神道的陵寝。这条神道一反传统建筑左右对称和通直的原则，弯曲宛如游龙，走在上面，如同站在龙的背上，迎风遨游。神道的两旁各种类型的动物以及文臣武将的雕刻，左右相对，共同守护着陵园，更显示出古代皇家的威严与气派。

龙鳞神道。

在明显陵大门外的右侧，处于风水术中名堂方位的地方，建有一个名叫“外明塘”的圆形池塘。而祾恩门前广场上的池塘叫内明塘。按照风水理论讲，陵园内的明塘可“藏风聚气”，可保江山社稷长盛不衰。据说它还有一神奇之处，白天塘中有太阳，晚上塘中有月亮，有引日月入塘，与日月同辉之意。

陵园内最独特的景观便是九曲御河，蜿蜒曲折如九曲回肠，结合风水中的“弯曲有型”，被称为“九曲河”。九曲御河为人工修筑，建于明嘉靖二年（1523 年），采用砖石结构。在陵园内蜿蜒流淌的九曲河，几乎贯通整个陵园，将园内的建筑群连成了一个整体，使之更加紧凑，也增添了几分灵动飘逸的美感。

祾恩门后的祾恩殿，是陵园内十分重要的点与建筑，因为这里供奉着陵主的神位，主要的祭祀活动也在这里举行。祾恩殿的建筑雄伟壮观，富丽堂皇，雕刻精细的须弥座台基，龙凤望柱的雕栏，突出了皇家地位之尊贵，凛然不可侵犯的威仪。可惜的是大殿已在战火中被毁，只剩下了残垣断壁。祾恩殿的后门就是陵寝门，砖石琉璃结构，只供帝后、妃子进入。

明显陵，经过岁月的洗礼，战火的摧残，留下了斑驳的石刻，残缺的建筑，令人唏嘘。褪去的颜色，遗留的痕迹，依然可见那已久远的皇家气息和令人赞叹不已的古人智慧，这些都给人们留下深深的印记。

旅游小贴士

地理位置：湖北省钟祥市

最佳时节：四季皆宜

开放时间：08:30 ~ 16:30

旅游景点：内外明塘、新旧红门、龙鳞神道、九曲御河、祾恩门等

透过明显陵斑驳的石刻、残缺的建筑，仍然可感受到那不容侵犯的皇家气息。

海瑞墓园 南包公之墓

海瑞，这位百姓心中的清官、好官，字汝贤，号刚峰，是琼山市府镇金花村人。在朝期间，面对明世宗当政时的“君道不正，臣职不明”，海瑞不怕牺牲，自备棺材，直言进谏，一篇《治安疏》震惊朝野。在任期间，他清正廉洁，秉公执法，不畏惧权贵，力惩贪官污吏，昭雪许多冤狱，造福于当地百姓。海瑞72岁时，出任南京都察院右都御史，不久病逝于任上。死后，朝廷赐祭八坛，赠太子少保，谥号忠介。海瑞素有“南包公”“海青天”的美誉，他是一名刚正不阿、克己奉公的贤臣，又是一位严于律己、清正廉洁的君子。

海瑞墓园位于海口市西郊滨涯村，始建于明万历十七年（1589年），距今已有400多年的历史，墓园面积约5000平方米。海瑞墓园之所以建在此处，据说其中还有一个典故。海瑞死后，朝廷官员许子伟保护灵柩回故里安葬，途中灵柩上的绳子突然断开，接好之后再断，反复几次都依然如旧，人们便都以为这是海瑞自己选的风水宝地，于是就将其在此下葬，这就是今日的海瑞墓园。

海瑞墓园建筑古朴大气，庄重典雅，院内郁郁葱葱，幽深静谧。正门的青灰色石牌坊上横刻“粤东气正”4个丹红大字。抬头望去，一条百十来米长的花岗石铺就的大道，笔直开阔，从牌坊下直通基地。大道两旁，两排椰子树傲然挺立，如同墓园忠实的守卫，两行明代雕刻的石人、石马、石羊、石狮，或坐或站或躺，栩栩如生，反映了当时社会精湛的雕刻艺术。

石板大道前建有一个正方形的石板平台，平台的中央有一只巨大的神龟，背上驮着一块1米多高的石碑，名叫“谕祭碑”。背面主要表述海瑞的生平功德，背面刻有一副对联：“孰曰公无子？天下人皆公子；孰曰公无孙？天下之人皆公孙。”海瑞虽无后代，但受后世人爱戴的他，皆愿为其子孙。

在道路的尽头是海瑞的茔墓，花岗岩砌成的墓基为六角形，上部呈圆锥形，看上去就像3米高的古钟。墓碑上刻着许子伟撰写的“皇明敕葬资善大夫南京都察院右都御史赠太子少保谥忠介海公之墓”，这是海瑞生前的官衔及死后的荣誉封号。

海瑞主墓后的平台上，安放着海瑞的坐姿塑像。正襟危坐的海瑞头戴官帽，身着官服，手持朝笏，清瘦的面庞，微蹙的双眉，紧绷的下颌，处处流露出他对国家、对朝廷、对人民的无限忧思。俨然一副忧国忧民、勤政廉明的清官形象。海瑞塑像后的扬廉轩亭柱上挂着海瑞所著的两副对联。前两柱书“三生不改冰霜操，万死长留社稷身”，后两柱书“政善民安歌道泰，风调雨顺号时清”。扬廉轩的扇形造型，以及海瑞所著对联，意在宣扬海瑞勤政爱民，公正无私，是我们永远的典范。

漫步在海瑞墓园中，不仅能观赏到典雅秀丽的园林景致，还能在这充满浩然正气的古风中，回顾海瑞一生的际遇。

旅游小贴士

地理位置：海南省海口市

最佳时节：春秋季

开放时间：08:00 ~ 17:30

旅游景点：扬廉轩、海瑞墓、石牌坊、谕祭碑

神龟驮着的“谕祭碑”。

海瑞茔墓。

扇形的扬廉轩前是正襟危坐的海瑞塑像。

清昭陵 关外三陵之一

清朝发迹于关外，以“后金”政权发展到了大清帝国，因此当时的沈阳又被称作盛京，清太宗皇太极与孝端文皇后就葬在盛京城外的清昭陵中。这座陵园建于明末清初之际，所以建筑风格既有明朝皇陵的气势，又有满族墓葬的特色。2004 年，通过世界遗产名录组委会的审核，清昭陵成为一处世界级的文化遗迹。

清昭陵位于辽宁省沈阳市北部，与福陵、永陵并称为清初的“关外三陵”。作为清代初期的帝王陵园，一直受到清朝历代的重视，当时陵区四周不仅设置了红、白、青色的界桩以及众多拒马木，还有专门的皇陵守墓人，防止一般人私自进入其中。时过境迁，现在的皇陵早已不再像以前那样森严，观光的游人终于可以目睹它的风采了。昭陵整体布局严密，宫殿陵寝设置井然有序，并且富有层次感，可分成 3 部分，从最外面的下马石开始，陵区的建筑开始映入眼帘。石桥雕饰繁多，十分精美，引人注目，石牌坊之后，正红门便是陵园的入口，这座建筑色彩明艳，朱红色的墙体环绕整个陵区一周，门内石狮、石马、石象、石麒麟、石人像分布在神道两侧，排成行列，颇有气势。

陵区内部地势开阔，宫殿楼阁林立。其中碑亭矗立，亭内圣德碑上字迹依旧可辨，铭刻着帝王的丰功伟绩。方城的正南门称作隆恩门，从此处可进入，城内隆恩殿非常宏伟壮观，旁边配殿形成众星捧月之势，蔚为壮观。宝城是昭陵里的陵墓中心，这座城形如月牙一般，下藏地宫，用于盛放陵园墓主人的棺椁和陪葬品。皇太极和其皇后的墓地就位于宝城的地宫里，是昭陵最重要的历史文化遗迹。皇太极作为清朝历史上的先驱，开创了百年基

陵园入口——正红门。

碑亭。

宝城之上的明楼中，树立有“圣号碑”。

旅游小贴士

地理位置：辽宁省沈阳市

最佳时节：四季皆宜

开放时间：07:00 ~ 17:00

旅游景点：碑亭、隆恩殿、宝城、隆山积雪、宝鼎凝晖等

风景优美的北陵公园一角。

业，他率领满族八旗子弟东征西讨，历经多次大型战役，战功卓著，可谓是清朝最骁勇善战的一代帝王，所以昭陵的百年历史不能不添上他的姓名。

除过宫阙楼台、历史人物，“昭陵十景”也不能错过。昭陵的自然景观十分优美，犹如一座江南园林，古木参天，风光秀丽，时常鸟语花香。一年四季景色不同，春天时节，水汽湿润，正是桃花、樱花、梨花盛开的时候，一时间院中红潮涌动，姹紫嫣红，分外妖娆；夏季来临之后，绿意盎然，雨后树木，苍翠欲滴，柳树浮动着长条在风中舞动，池塘里更是一片“接天莲叶无穷碧，映日荷花别样红”的景致；秋天虽然变得有几分肃杀，但是依旧不会单调，此时枫叶正红，层林尽染，美不胜收；冬日飞雪如画，一片圣洁的气息围绕在四周，松柏在雪中站立，仿佛受检阅的士兵，身姿挺拔，风采更是出众。相传古时候“昭陵十景”深得好评，比如隆山积雪、宝鼎凝晖、山门灯火、碑楼月光、柞林烟雨等，风光各异，引人入胜，是沈阳著名的游览胜地。

现在的清昭陵已经被改成了北陵公园，与大都市融为了一体，渐渐走进了人们的生活。无论欣赏风景，还是寻找历史遗迹，昭陵都是难得的去处。

冬季雪后的清昭陵建筑，别有一番韵味。

清东陵 康乾盛世的遗迹

清东陵是我国现存规模最宏大、体系最完整、布局最得体的帝王陵墓建筑群，它象征着清朝鼎盛时期的景象，可谓是清陵最壮观的一座。清东陵坐落在河北唐山附近，占地面积广阔，其从 1661 年开始建立，之后由清朝各代皇帝不断扩建，规模愈加磅礴大气。在这里一共埋葬有清朝 5 位帝王以及其他皇室成员，其中最著名的陵墓有顺治的孝陵、康熙的景陵、乾隆的裕陵。

孝陵位于清东陵的中心，是清顺治帝的陵寝，也是清东陵的主体建筑。孝陵在清东陵的地位是至高无上的，所有的帝陵都以它为中心，按照左昭右穆的顺序东西排列。在中国的皇帝陵寝中，只有清孝陵是最特别的一个，陵墓中安放的是皇帝的骨灰。在陵园前矗立着一座汉白玉制成的石牌坊，牌坊上雕刻有双龙戏珠、狮子滚球和各种旋子大点金彩绘饰纹，雕工精湛，气势雄伟，是清代石雕艺术最有代表性的作品。在牌坊的一侧，红墙威严，大红门肃穆，门前有“官员人等在此下马”的石碑，大红门也是孝陵和整个清东陵的大门。虽然孝陵是清顺治帝崩逝后才开始动工建造，但内部有石牌坊、神道碑亭、隆恩殿、宝顶、地宫等建筑，依然蔚为壮观。

旅游小贴士

地理位置：河北省唐山市

最佳时节：春秋季

开放时间：08:00 ~ 17:00

旅游景点：孝陵、景陵、裕陵、定东陵

康熙是清朝历史上非常重要的君王，他在位时间最长，据说顺治当年病逝后，国家重担就压在了刚满 8 岁的康熙身上。然而他不负众望，励精图治，不仅削三藩安定内乱，还通过尼布楚条约解除外患，开创了清朝盛世，雄才大略可见一斑，所以他的许多故事至今依旧传诵。景陵就是这位皇帝的陵墓所在地，此外还有孝诚、孝昭、孝懿、孝恭皇后陵寝等相配，规模相当宏伟，蔚为壮观，反映出了康熙时代的繁荣昌盛。

乾隆皇帝可谓秉承了康熙的遗风 . 这位皇帝文治武功十分厉害，在很多领域都有所建树，甚至相传他一生写过上万首诗，是我国历史上写诗最多的皇帝。近几年来，清廷历史剧火热，许多故事都发生在乾隆时期，例如《还珠格格》《铁齿铜牙纪晓岚》等，不胜枚举，这样一来，许许多多的人开始关注这位清朝的名人，甚至去裕陵的游客都增加了。裕陵埋葬着乾隆及其皇后和贵妃等人，陵园十分气派，广场地势平坦开阔，四角矗立着高大的华表，纹饰精美，洁白的颜色与周围的苍翠形成了鲜明的对比。其中圣德神功碑是两座重要的历史文物，它们位于重檐歇山式屋顶的碑楼内，上面雕有游龙图案，精巧美观，下面两只赑屃俯卧，托起石碑，碑身文字密密麻麻，一个刻着满文，另一个是汉文，字迹清秀，很具有书法特色，令人赞叹不已。

清东陵拥有清朝最鼎盛时期的几位皇帝，他们目睹了康乾盛世，留下了历史的赞誉。当我们回看这些历史人物的时候，不禁感慨万千，这些矗立的陵寝成为故国最后的记忆，凝重而又深刻。

人物雕像的服装是仿照清代官服的样式所雕，手法细腻，技艺精湛。

裕陵埋葬着乾隆及其皇后和贵妃等人。

清西陵 万年吉地

清西陵位于河北省保定市易县城西，因其在清东陵的西边故而得名。这座陵园始建于雍正八年（1730 年），主要是包含了 4 座皇帝陵寝，分别是雍正的泰陵、嘉庆的昌陵、道光的慕陵和光绪的崇陵，除此之外还有泰东陵、昌西陵、慕东陵 3 座后陵，以及后宫妃子和公主等的坟墓。

清西陵背靠永宁山，毗邻易水河，群山环绕，古木参天，郁郁葱葱，富有浓郁的江南园林的特色。相比清东陵，清西陵的规模并不是很大，或许因为这里埋葬的大多都是清朝走向衰落后的帝王。不过作为皇家陵寝，清西陵布局依旧大气，各个建筑金碧辉煌。陵区内的宫殿建筑、古建筑与古雕刻，技艺精湛，严格遵循清代皇帝陵寝制度，各具特色，展现出不同的景观风格。

大红门巍巍高耸，颇有气势。

旅游小贴士

地理位置：河北省保定市

最佳时节：春夏秋季

开放时间：08:00 ~ 18:00

旅游景点：泰陵、昌陵、慕陵、崇陵

泰陵隆恩殿。

清泰陵是雍正皇帝及其皇后妃嫔的陵墓。作为西陵陵园的核心部分，它不但是整个陵园中最早修建的，也是规模最大的一座。泰陵位于永宁山下，整体建筑可分为前后两部分，前部分包括门、坊、碑、亭，后部分则为殿阁、地下宫殿。五孔石拱桥跨溪而过，仿佛 5 条游龙一般，桥身青白色，上面雕饰令人眼花缭乱，不愧是泰陵最美的景观。桥下蜿蜒的九曲河缓缓流过，无论春夏秋冬，那涓涓碧水永不停息，为这优美迷人的风光增添许多的乐趣，仿佛一幅徐徐展开的山水画卷。隆恩殿重檐歇山式屋顶高耸，檐上黄色的琉璃瓦在阳光下熠熠生辉，气势恢宏。殿内金碧辉煌，圆柱笔直挺拔，横梁上彩绘如满天星辰，枋心“江山统一”和“普照乾坤”光艳夺目，叹为观止。

昌陵是嘉庆皇帝及其第一任皇后的陵寝。

昌陵相距泰陵只有 1000 米远，两者之间由一条神道相连。这里埋葬着乾隆的第十五子，也就是嘉庆皇帝，关于他的传闻最耳熟能详的就是铲除大贪官和珅。据说乾隆晚年时，和珅已经权倾朝野，而且他贪污的银两，家资更是富可敌国。然而封建王朝新诞生的储君绝不会让这样的隐患长期存在，因此一等到乾隆驾崩，嘉庆便立刻处决和珅来巩固自己的帝业。尽管他的举动对朝廷的腐败有所震慑，但是早已腐朽的清王朝还是从此走上了衰败之路。

琉璃影壁上龙纹浮雕技艺精湛，游龙栩栩如生。

慕陵和泰陵相比，显得小了许多，但是整座陵园异常坚固，这是泰陵和昌陵都所无法企及的。慕陵是道光皇帝的陵寝，相传道光对于这座陵寝颇为重视，和其他陵墓不同，慕陵一改庄严气派的风格，而是利用简单节约的方法塑造出了一种清新淡雅的感觉，陵园四周草木青青，蓝天白云相衬，更显得超尘脱俗。然而鸦片战争的失败，使得摇摇欲坠的清廷更加危机重重，道光更是背上了“愧对祖宗”“愧对天下百姓”的骂名。历史的剧本总爱作弄人，不知道后来葬入慕陵的他是否对这样的命运耿耿于怀，但是这座陵园却在历史上留下了深深的一笔……